图说蜂授粉技术

徐希莲　王凤贺　等　编著

中国农业科学技术出版社

图书在版编目（CIP）数据

图说蜂授粉技术 / 徐希莲等编著 . —北京 ：中国农业科学技术出版社，2014.4

ISBN 978-7-5116-1593-0

Ⅰ . ①图… Ⅱ . ①徐… Ⅲ . ①蜜蜂授粉－图解 Ⅳ . ① S897-64

中国版本图书馆 CIP 数据核字 (2014) 第 064341 号

责任编辑 崔改泵
责任校对 贾晓红
出版发行 中国农业科学技术出版社
北京市中关村南大街 12 号　邮编：100081
电　　话 (010) 82106624（发行部）(010) 82109194（编辑室）
(010) 82109709（读者服务部）
传　　真 (010) 82106650
网　　址 http：//www.castp.cn
经 销 者 各地新华书店
印 刷 者 北京富泰印刷有限责任公司
开　　本 787mm × 1 092 mm　1/16
印　　张 7.5
字　　数 122 千字
版　　次 2014 年 4 月第 1 版　2014 年 4 月第 1 次印刷
定　　价 40.00 元

前言

全世界80%的开花植物靠昆虫授粉，而其中85%靠蜜蜂授粉。如果没有蜜蜂的传粉，约有4万种植物会繁殖困难，濒临灭绝。2006年冬到2007年春，蜂群崩溃失调症(colony collapse disorder，简称CCD)在世界范围内流行，蜂群损失50%～90%，加重了近年来日益严重的农作物授粉危机，也引起全世界对蜜蜂的关注。蜜蜂授粉的重要作用进一步凸显。

蜂授粉技术是利用自然传粉蜜蜂类昆虫（统称授粉蜂）为植物进行适时、充分授粉，使作物生产获得高产、优质、安全、生态等综合高效益的农业新技术，被专家称为“农业之翼”。蜂授粉技术的研究、推广与应用，无论是在改善农业生态环境方面，还是在取代人工、激素授粉，促进农产品安全、优质生产方面都具有积极意义，是实现“安全农业”的重要技术环节，因此，农业部2010年就在全国号召加大蜜蜂授粉技术的推广。

在蜜蜂授粉技术的推广和培训服务中我们发现，一提到蜜蜂大家好像都知道，但因其饲养对技术要求较高、蜜蜂螫人等客观限制，人们对蜜蜂缺乏深入了解，因此在应用该类昆虫为农作物授粉时，使用者不敢或不能科学管理，使用的效果大打折扣，甚至授粉蜂不能正常工作。其中，比较突出和能在短时间内解决的便是人工操作、管理等应用技术方面的问题，因此，总结多年积累的经验和教训，出版了这本简单明了、农民朋友也能一看即懂的应用图书，以解决蜜蜂授粉技术应用中的突出问题。本书主要通过彩色图片、照片加以少量文字说明的形式对蜂与植物的关系、授粉蜂的种类、特性、授粉蜂的人工繁殖和利用、授粉应用各环节的技术等进行图文并茂的介绍，希望读者对蜜蜂授粉技术的要点能一目了然，按照图书所示可以顺利地完成授粉蜂的释放、饲喂、管理和检查、回收等操作，使蜜蜂授粉的效果得以充分发挥，种植者获得更多优质、安全的产品。同时，也向社会公众宣传普及蜂授粉技术，把蜂授粉技术在现代农业、农产品安全生产和设施农业中的增产增收效果、改善品质的重要作用加以宣传。

本书编写过程中，得到梁端全、蒲亚宁、李竹、杨冠煌、郭志弘、王凤明等的帮助，在此一并感谢。由于时间仓促和水平所限，书中难免有纰漏，恳请同行和读者批评指正，共同促进蜜蜂授粉技术的发展和推广应用。

编者

目录

第1章　蜂为媒

一、蜂与植物的关系
二、蜂在传粉时会伤害花吗？

一、蜂与植物的关系

在长期的自然选择和协同进化过程中，开花植物和传粉蜜蜂之间形成了相互依存、互惠互利的关系。蜜蜂以植物的花粉和花蜜为食，蜜蜂通过采集花粉，起到了“媒婆”的作用，为植物进行了传粉授精。

协同进化，互惠互利

植物为蜜蜂提供食物：花粉是蜜蜂所需蛋白质的主要来源，花蜜是蜜蜂能量的主要来源。花粉和花蜜对于蜂群繁殖和活动有着极其重要的作用。

蜜蜂为植物授粉：异花授粉对繁衍后代更有利。异花授粉的植物主要为风媒花和虫媒花，其中，风媒花约占 10%，大部分为虫媒花。在众多的授粉昆虫中，蜜蜂具有独特的形态结构和生物学特性，在虫媒花中起主导授粉作用，占到了 85%。

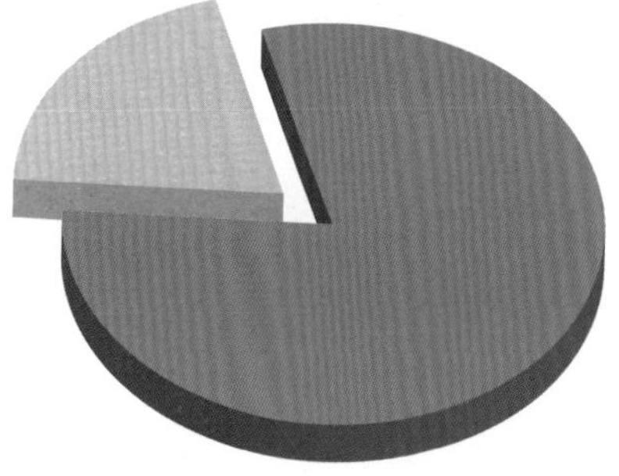

80%的被子植物是靠昆虫传粉

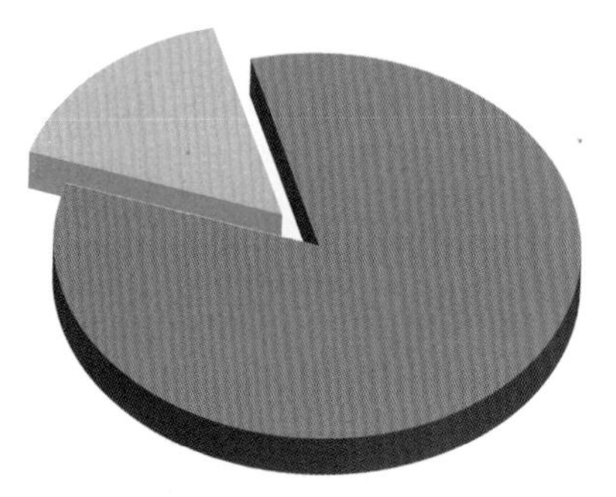

蜜蜂在授粉昆虫中占 85%以上

植物对蜜蜂的适应

花是植物的生殖器官。从生态学的观点看，植物花的气味、颜色和泌蜜，目的在于引诱昆虫为其授粉，花蜜和花粉可以看作是植物对授粉者的奖赏。

1

多数植物选择在白天开花，花色鲜艳或发出诱人的芳香。

2

在同一季节里，每种植物的流蜜期错开。

3

如果几种植物在同一天、同一地区、同一季节流蜜，各种植物流蜜时间早晚也可以错开，而且有蜜源、有粉源，为蜜蜂提供多种选择。

蜜蜂对植物的适应性反应

1. 蜜蜂形态结构的特化

蜜蜂周身长满了羽状分叉绒毛，既利于蜜蜂收集花粉，又利于植物授粉。

蜜蜂的口器属于有长吻的嚼吸式口器，且上颚发达，有利于吸取植物深花管内的花蜜。

后足最发达，特化出“花粉筐”，用以运装花粉。

工蜂的消化道内具有特化的蜜囊，是唾液与吞入的花蜜充分拌和并使花蜜转化为蜂蜜的地方。这些形态结构的特化，都是蜜蜂适应植物的反应。

2. 蜜蜂采集专一性的适应

据格兰特统计，蜜蜂采集花粉的纯度可达 99%。原因是蜜蜂喜欢固定在一个特定小区域内采集一种特定植物，同时具有驱逐其他蜜蜂进入这一区内采集的特性。这样必然造成植物种群的隔离，使植物新种容易形成。

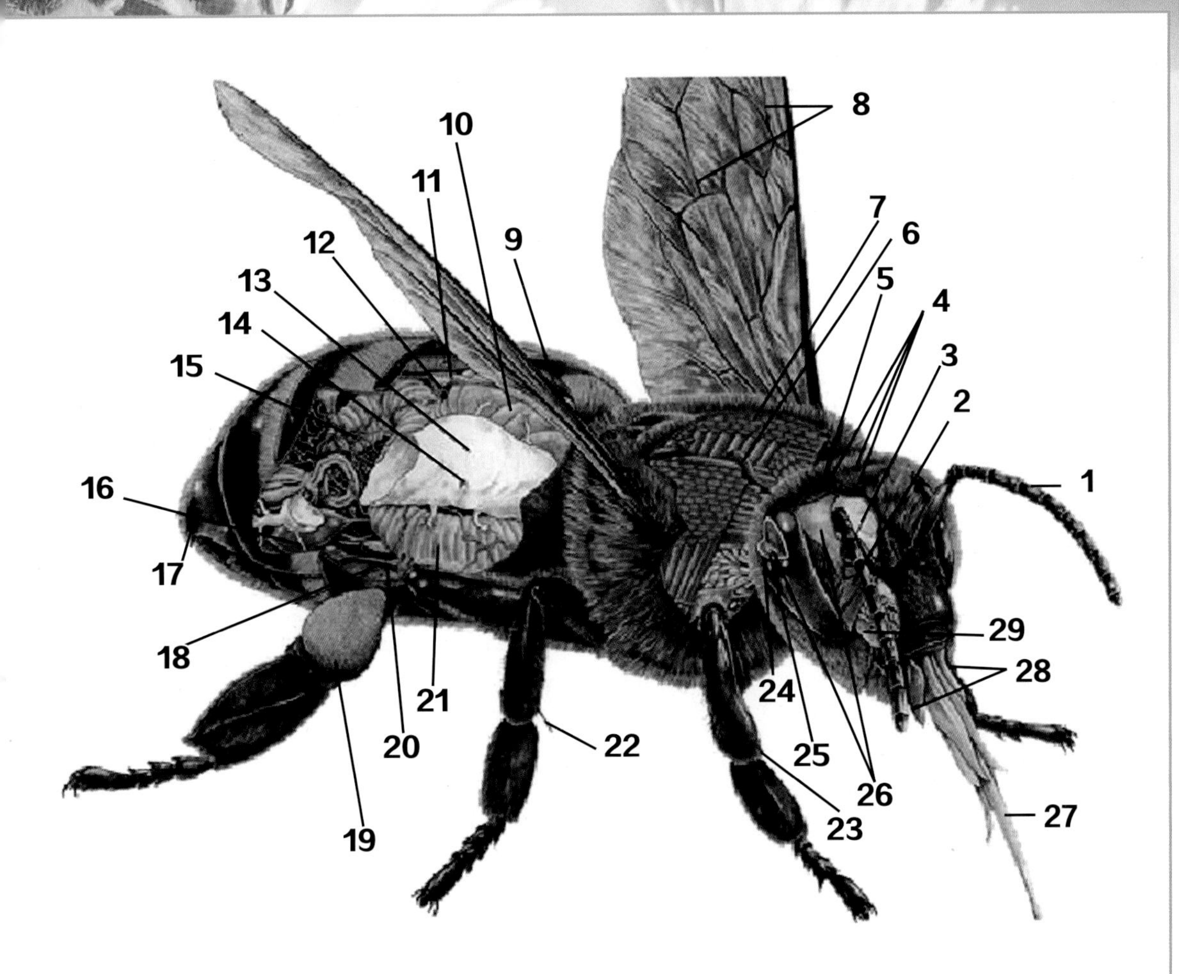

1 触角
2 触角肌
3 触角神经
4 三个单眼
5 颚肌
6 大动脉
7 翅肌
8 翅脉
9 脂肪体
10 嗉囊
11 心脏
12 心肌
13 气囊
14 气孔
15 马氏管（肾）
16 毒囊
17 毒针
18 脂肪体
19 花粉筐
20 腹神经索
21 中肠
22 棘刺
23 棘刺
24 复眼
25 视神经
26 脑
27 嚼吸口器
28 上下颚
29 咽喉

蜜蜂具有重要的生态作用

从 2006 年以来，在美国和欧盟国家就开始出现蜜蜂大量死亡的现象，另外，还有很多蜜蜂飞出巢后，就再也没有回来，神秘消失了，人们把这一现象称为“蜂群崩溃失调症”。除了蜜蜂大量死亡、数量骤减外，能传授花粉的其他昆虫，比如蝴蝶和大黄蜂的数量也在减少。而且至今没有搞清楚蜜蜂大量死亡的原因。为此，欧盟于 2010 年 12 月 6 日出台了一个拯救蜜蜂的行动计划。因为蜜蜂在传授花粉中扮演着至关重要的角色，世界上 76% 的粮食作物和 84% 的植物都是依靠它们传授花粉的。蜜蜂数量减少意味着粮食作物、水果、鲜花产量将随之下降。

爱因斯坦曾预言，“如果蜜蜂从地球上消失，人类最多能活 4 年”。这并不是危言耸听。如果蜜蜂真的消失了，不是说人类一定会灭亡，但是，产生的副作用肯定不小。蜜蜂是整个生物链中的一环，而且在生物链的底层，是连接动物和植物的桥梁，如果它消失了，一大串的生物链都会遭到破坏，植物多样性和自然生态系统必将无法维系。因此，我们应该善待这些大自然的小精灵们！

二、蜂在传粉时会伤害花吗?

花的结构

一朵完整的花由花萼、花冠、雄蕊、雌蕊 4 部分组成。花萼由萼片组成，花冠由花瓣组成。花萼和花冠合称花被，是花的外层部分；雄蕊和雌蕊合称花蕊，是花的中心部分。花被和花蕊着生在花托上，呈螺旋状或轮状排列。

雄蕊位于花被内，是花的雄性生殖器官，由花丝和花药组成。花丝通常呈丝状，着生在花托上。一般一朵花中花丝是等长的，但也有些植物花丝长短不等，像十字花科植物，每朵花有 6 个雄蕊，外轮的 2 个较短，内轮的 4 个较长。花丝是起支持作用的，并能使花药向外伸展。花药着生在花丝顶端。花药中有花粉囊，里面有花粉。花粉成熟后，花粉囊裂开，释放出花粉。

雌蕊位于花的中央，是花的雌性生殖器官。由柱头、花柱、子房 3 部分组成。基部膨大成囊状的部分叫子房，子房上部的长颈叫花柱，花柱顶端略为膨大的部分叫柱头。柱头有各种不同的形状：球状、圆盘状、棒状、星状、羽毛状等。

小知识

自花授粉：花粉传到同一朵花的雌蕊柱头上完成受精。

异花授粉：花粉传到另一朵花的雌蕊柱头上完成受精。

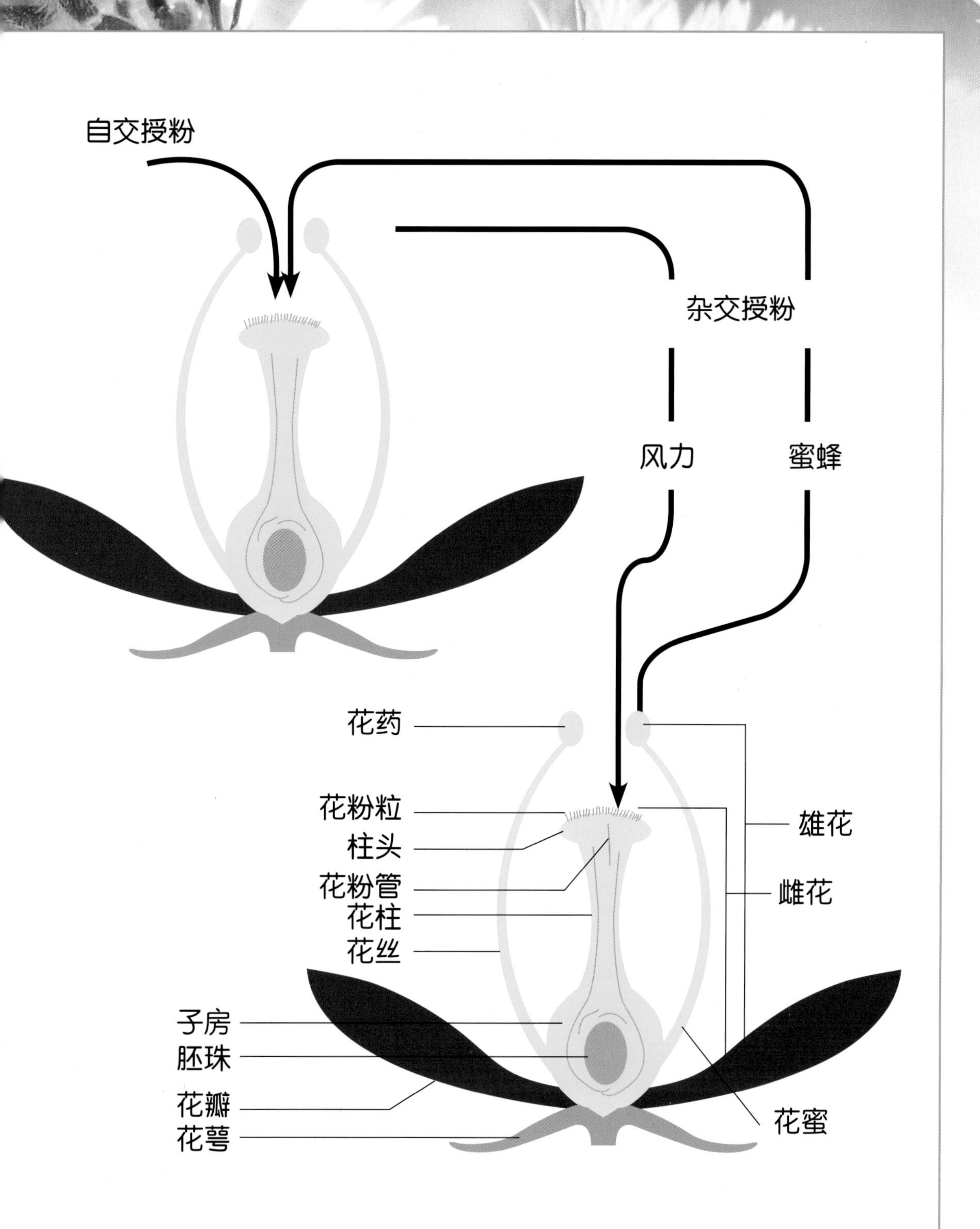
自交授粉
杂交授粉
风力
蜜蜂
花药
花粉粒
柱头
花粉管
花柱
花丝
子房
胚珠
花瓣
花萼
雄花
雌花
花蜜

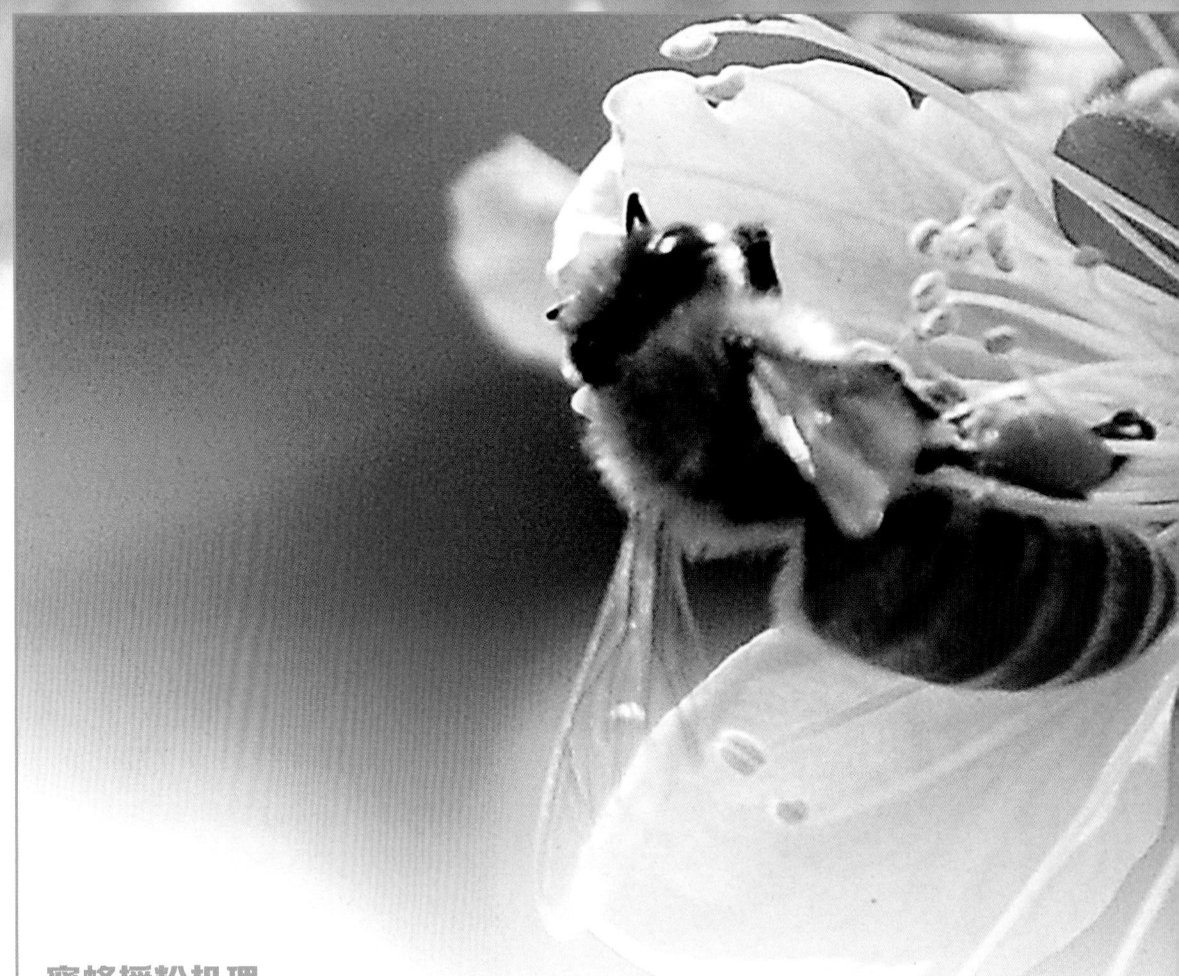

蜜蜂授粉机理

蜜蜂采集完一朵花的花粉后再飞到另一朵花上采集时就会将之前所采的花粉落到该花的雌蕊柱头上，在柱头分泌物的刺激下吸水萌发，形成花粉管。萌发的花粉管沿着花柱内的引导组织伸长，最后进入胚囊，花粉管顶端破裂，释放出细胞质、营养核和两个精核一起流入胚囊，两个精核分别与卵细胞和极核相融合。

花粉萌发和花粉管生长有群体效应，也就是在一定面积内花粉数量越多，萌发生长越好，果实越多，品质也越好。由于蜜蜂与植物的长期协同进化，总能在花粉活力旺盛的时候去采集，并且重复采集和传粉，因此，群体效应增强，授粉效果好。

蜂授粉与人工授粉相比的优点

优点 1　蜜蜂访花频率高，能及时有效地为植物进行授粉，避免错过授粉最佳时期。

优点 2　蜂授粉可以避免人工操作不当引起的畸形果和露子果实的产生。

优点 3　显著增加商品果率，提高经济产量。

优点 4　蜂授粉后，花瓣会迅速自然脱落，消除了病菌在残花上的滋生场所，大大降低了花器病害的发生。

优点 5　蜂授粉简便易行，大大减少授粉（蘸花）用工。

优点 6　解决由于激素喷（点）花引起的激素残留问题。

蜂授粉果实与人工授粉果实比较

第2章　哪些蜂能授粉

一、身边常见的传粉昆虫
二、蜜蜂大家庭
三、独来独往的壁蜂
四、像“熊”一样的蜂
五、喜欢切叶的蜂
六、不螫人的无刺蜂
七、蜂家族的其他成员

一、身边常见的传粉昆虫

世界上没有植物，昆虫就不存在，如果没有昆虫，植物就不能继续繁衍生存。昆虫是植物的主要传粉媒介。在显花植物中，85% 是由昆虫传粉的，只有 10% 是风媒传粉，5% 是自花传粉。

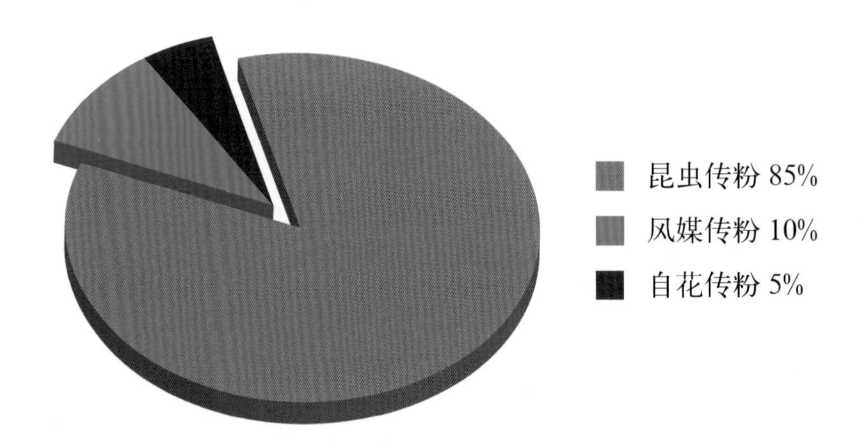

小知识

靠风力传播花粉的花称风媒花，其花粉粒小、轻且数量多，容易随风飘散。靠昆虫传播花粉的花称虫媒花，一般都颜色鲜艳，气味芳香，这样可吸引大量昆虫。

常见的传粉昆虫

多数有花植物是依靠昆虫传粉的，我国传粉昆虫有 300 多种，主要分属于膜翅目、双翅目、鞘翅目、半翅目、鳞翅目、直翅目和缨翅目。传粉昆虫中比例最高的 3 类昆虫是：膜翅目，占全部传粉昆虫的 43.7%；双翅目，占 28.4%；鞘翅目，占 14.1%。膜翅目中最主要也是我们最熟悉的传粉昆虫就是蜜蜂，它们有着特殊的传粉构造——携粉足；双翅目就包括我们常见的蝇类和虻类；鞘翅目就是我们平时看到的甲虫，比如，金龟子。

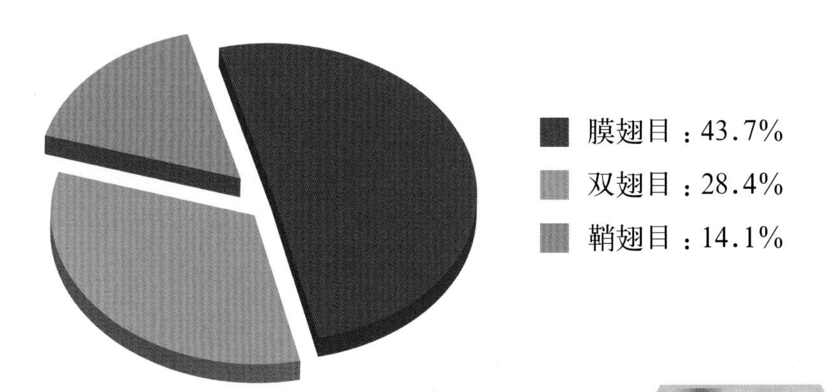

虫媒花特点

①多具特殊气味以吸引昆虫。
②多半能产蜜汁。
③花大而显著，并有各种鲜艳颜色。
④结构上常和传粉的昆虫形成互为适应的关系。

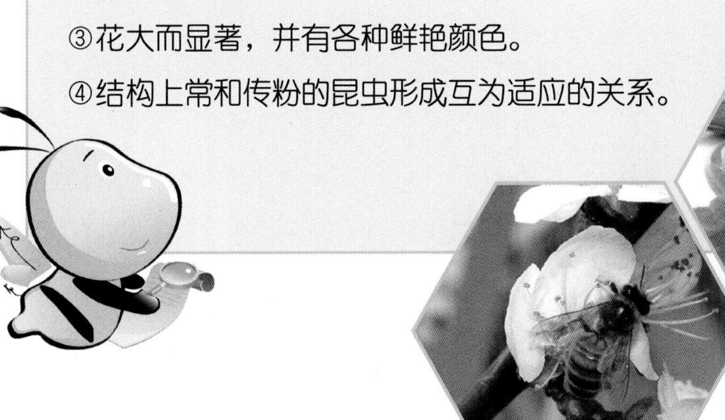

1. 蜂类

蜂是访花昆虫中最重要的类群，大约有2万种蜂访花采蜜。在蜜蜂采蜜时，它们的口器、体毛和躯体上的其他附属物，特别是背和腿最易沾上花粉。大多数蜂不能辨别红花的色调，往往把红的看成黑的，但大黄蜂可为红花传粉。蜂媒花的花瓣鲜艳，一般为蓝色或黄色，蜜腺明显，花上常有某种“登陆台”，便于蜜蜂着落。

2. 蛾和蝴蝶

蛾和蝴蝶传粉的花在许多方面像蜂媒花，因为这些昆虫都是靠视觉和嗅觉访花寻食的。有些蝴蝶能看到红、蓝、黄和橘黄的颜色。典型的蛾媒花是白色的，傍晚之后散发浓郁的芬芳气味和甜味以吸引夜间飞行的蛾，如烟草属中几种植物的花就是这样的。以蛾或蝴蝶为媒的花，蜜腺通常长在细长花冠筒或距的基部。只有它们的长舌才能伸进去舔到。

3. 甲虫

最早的传粉媒介是白垩纪的甲虫。现今也有许多被子植物依靠甲虫传粉，甲虫的嗅觉比视觉灵敏，它们传粉的花一般为白色或阴暗色调，常有果实味、香味或类似发酵腐烂的臭味。这些气味与蜜蜂、蛾和蝴蝶传粉的花气味不同；有些花能分泌花蜜。有些甲虫常直接咬花瓣、叶枕或花的其他部分，也能吃花粉。因此，甲虫传粉的花，胚珠多深

埋在子房深处，以避免甲虫咀咬。

4. 蝇

虻、蜂虻、食蚜蝇的成虫常见于花上，形似蜜蜂或胡蜂，人们往往将其误认为是蜜蜂，近年来也有养殖蝇类来授粉的事例。依靠蝇类传粉的花大多有臭味，颜色晦暗，因为蝇不靠色觉，而靠嗅觉找到食物。

两对翅

如何区分蜂与蝇

1. 蜂有两对翅，而蝇类只有1对翅。
2. 蜂的后足是携粉足，而食蚜蝇的后足是非携粉足。
3. 蜂的口器是嚼吸式，蝇的口器是舔吸式的。
4. 蜂的触角是膝状，而蝇的触角是具芒状。

后足花粉篮

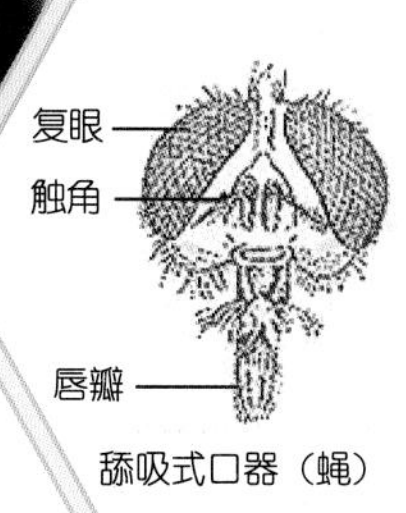

舔吸式口器（蝇）

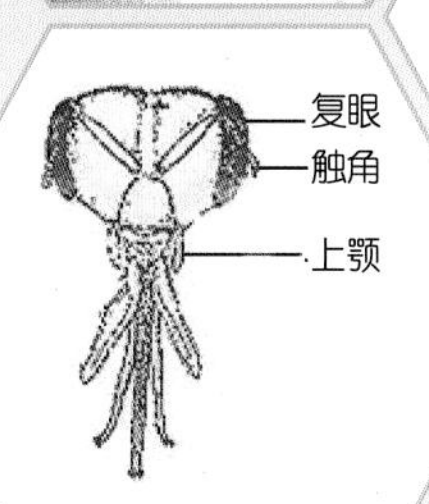

嚼吸式口器（蜜蜂）

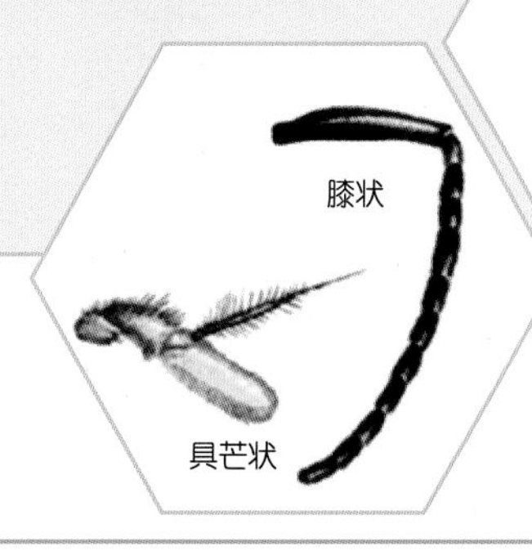

二、蜜蜂大家庭

家庭成员及分工

分为蜂王、雄蜂和工蜂，有较高的社会组织，工蜂泌蜡营造六边形巢房构成的巢脾，供蜜蜂群体生活、贮存饲料、育虫。人工驯化饲养的蜜蜂用于生产蜂蜜、蜂王浆、花粉等蜂产品，也用于授粉。

蜂王　　雄蜂　　工蜂

1. 蜂王

蜂王负责产卵，维系群体的正常生活秩序，每个蜂群中只有一只蜂王。

蜂王腹部发达，双翅短而窄，是工蜂体重的 2 倍，蜂王终生以营养丰富的王浆为食物，以维持其产卵力及代谢能力。

2. 工蜂

像它的名字一样，工蜂就是蜂群中的工人，负责巢房内外的一切工作，如采集花粉和花蜜，并贮存在巢房内，哺育幼虫，筑巢，守卫，打扫等。工蜂腹部末端有螯针，是蜂群的主要成员，数量最多，体型最小。一般一个蜂群有 2 万～ 5 万只工蜂。“小蜜蜂，整天忙，采花蜜，酿蜜糖”，这个儿歌里面指的“蜜蜂”就是工蜂，可见工蜂是最勤劳的。

吸蜜　泌蜡筑巢　扇风调节室温　采水　采粉　采胶

蜜蜂幼虫

刚孵化的蜜蜂幼虫都是由幼年工蜂照料喂食，幼年工蜂在喂食之前会先检查房内幼虫是否躺在正常位置，接着从上颚分泌出食物，食物围绕着幼虫，呈一小池状。幼年工蜂从检查幼虫到喂食完毕约耗时 30 秒到 2 分钟。

3. 雄蜂

雄蜂一生唯一的职责就是与蜂王交尾。雄蜂体型粗壮，具有一对突出的复眼和发达的前翅，无螯针。蜂群中雄蜂一般有几百只，当处女王出房后就会择日飞出巢房与其中一些交尾，而那些没有与蜂王交尾的雄蜂则返回巢房，由于其懒惰，只知道吃喝，不工作，成为蜂群中多余的懒汉。日子久了，就会遭到工蜂的嫌弃，被驱逐出巢，最后饿死或者冻死在巢外。

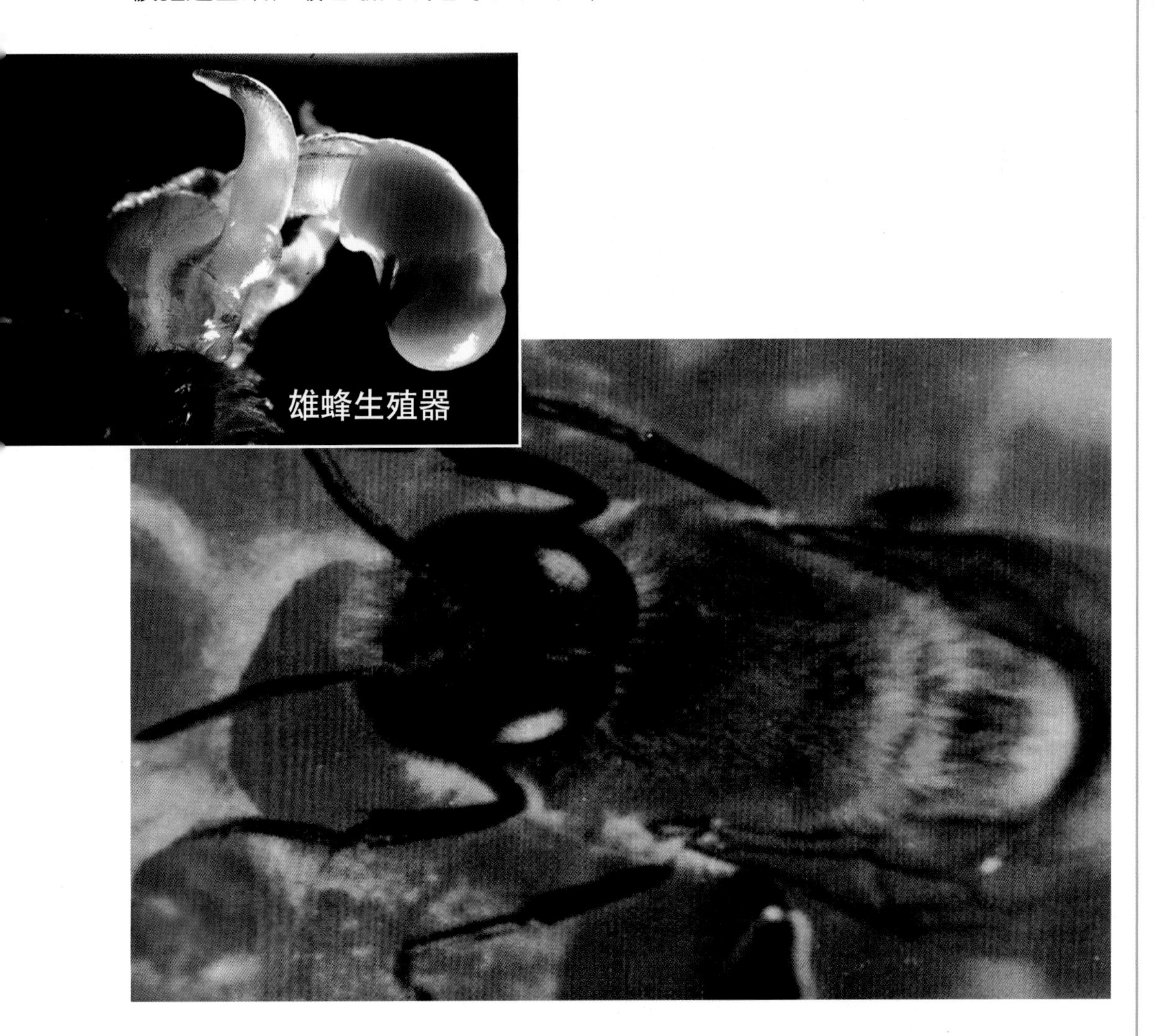

雄蜂生殖器

性成熟的处女王从巢中飞出后，同样发育成熟的雄蜂在其身后追逐，然后在空中交尾，这种行为称为处女王的婚飞。

小知识——蜜蜂与水

采集蜂利用触角上的水分感觉器，能感知空气湿度的差异进而找到水源，蜜蜂采回的水 70% 送回巢房使用，30% 进入自己的消化系统。采水蜂回巢后也会跳舞告知同伴。

中国境内饲养的蜜蜂种类

中国境内饲养的蜜蜂主要有意大利蜜蜂、中华蜜蜂、东北黑蜂和新疆黑蜂。主要的野生蜂种有中华蜜蜂、大蜜蜂、黑大蜜蜂、小蜜蜂、黑小蜜蜂。目前，生产中用来授粉的主要是意大利蜜蜂，其次是中华蜜蜂。

大蜜蜂　　黑大蜜蜂

小蜜蜂

黑小蜜蜂

1. 意大利蜜蜂

意大利蜜蜂简称意蜂，也被称为西方蜜蜂，属群居社会性昆虫，主要分布于欧洲和非洲。20 世纪初由日本和美国引入我国，成为我国饲养的主要蜜蜂品种。意大利蜜蜂体长 12 ～ 14 毫米，绒毛淡黄色。能维持强大群势，性情温顺，蜂王产卵力强，分蜂性弱，工蜂勤奋，对大面积蜜源采集能力强，产蜜量高，产蜡多，造脾快，但其主要缺点是盗性强，定向能力差，在高纬度地区越冬较困难，消耗饲料多，抗病能力弱。

该蜂种在气温 18℃以上才可以开始采集活动，最佳活动温度为 22 ～ 26℃，是目前主要应用的授粉蜂种类。

意大利蜜蜂适合授粉作物

对露地作物和棚室有粉有蜜、花期长的植物非常有效，如瓜类、草莓、梨、枣、桃以及蔬菜亲本繁种。

2. 中华蜜蜂

中华蜜蜂有 7 000 万年进化史。在中国，中华蜜蜂抗寒和抗敌害能力远远超过西方蜂种，一些冬季开花的植物如无中华蜜蜂授粉，必然影响生存。中华蜜蜂为苹果授粉率比西蜂高 30%，且耐低温、出勤早、善于搜集零星蜜源，对保护生态环境意义重大。而意蜂的嗅觉与中国很多树种不相配，因此，不能给这些植物授粉。

中华蜜蜂分布

中华蜜蜂又称中华蜂、中蜂、土蜂，是东方蜜蜂的一个亚种，是中国独有的蜜蜂当家品种，从东南沿海到青藏高原的 30 个省、自治区、直辖市均有分布。

自 1896 年西方蜜蜂的引进和大量繁育以来，中华蜜蜂受到了严重威胁，分布区域缩小了 75% 以上，种群数量减少 80% 以上。黄河以北地区，只在一些山区保留少量中华蜜蜂，并处于濒危状态，蜂群数量减少 95% 以上；新疆维吾尔自治区、大兴安岭和长江流域的平原地区中华蜜蜂已灭绝，半山区处于濒危状态，大山区

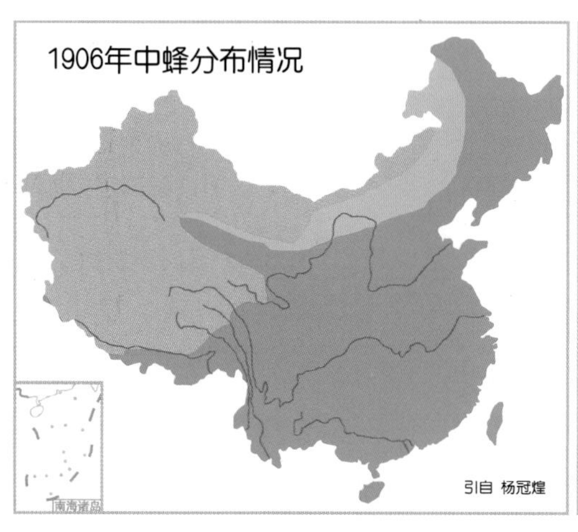

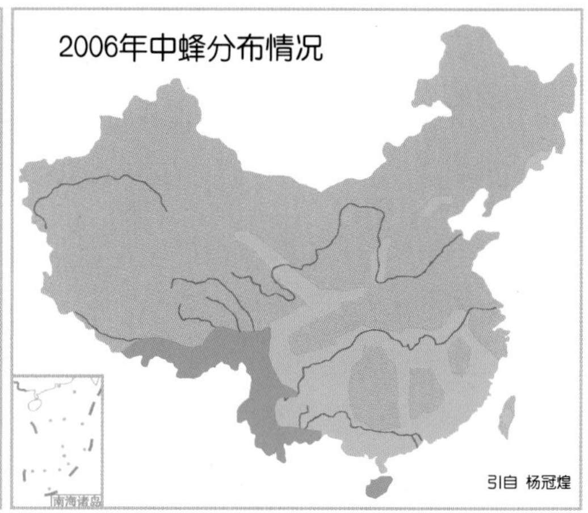

小知识——蜜蜂的社会行为

蜜蜂的许多行为主要是由于接近它们躯体某一部位的外界刺激物所引起的。通过数以千计的感觉细胞，蜜蜂能感觉到附近的声音、化学刺激和光等。

蜜蜂对外界和内在刺激物的反应是极其机械性的，其行为是从受精卵开始便在其躯体内“安排好”了的，即受遗传的精确控制。

处于易危和稀有状态，蜂群减少 60% 以上；只在云南怒江流域、四川西部、西藏自治区还保存自然生存状态。

中华蜜蜂的优点

中华蜜蜂是以杂木树为主的森林群落及传统农业的主要传粉昆虫，飞行敏捷，嗅觉灵敏，出巢早，归巢迟，每日外出采集的时间比意大利蜂多 2 ～ 3 小时，有利用零星蜜源植物、抗寒力强、采集力强、利用率较高、采蜜期长及适应性、野外生存能力强、抗螨抗病能力强、能够抵御胡蜂、消耗饲料少等意大利蜂无法比拟的优点。

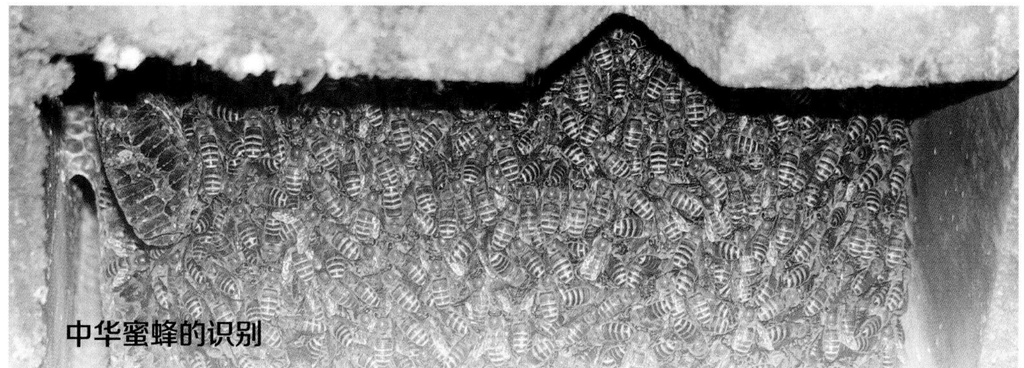

中华蜜蜂的识别

中华蜜蜂体躯较小，头胸部黑色，腹部黄黑色，全身披黄褐色绒毛。工蜂腹部颜色因地区不同而有差异，有的较黄，有的偏黑；工蜂体长 10 ～ 13 毫米，雄蜂体长约 11 ～ 13.5 毫米，蜂王体长 13 ～ 16 毫米，中华蜜蜂吻长平均 5 毫米。中华蜜蜂在气温达到 14 ～ 16℃便开始出巢活动，工蜂访花积极，早出晚归，飞行半径较小，更容易定点、定范围授粉，对恶劣环境适应性强。

中华蜜蜂适宜授粉作物

对露地作物和棚室有粉、有蜜腺植物授粉效果显著，如草莓、荔枝、龙眼、莲子以及早春开花的果树，还有制种蔬菜等。

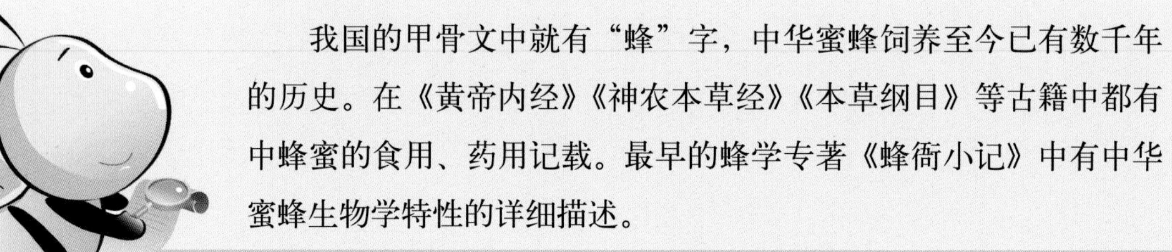

小知识——中华蜜蜂与中华文明

千百年来，中华蜜蜂与被子植物协同进化，为我国生物多样性的形成发挥了极为重要的作用。

我国的甲骨文中就有“蜂”字，中华蜜蜂饲养至今已有数千年的历史。在《黄帝内经》《神农本草经》《本草纲目》等古籍中都有中蜂蜜的食用、药用记载。最早的蜂学专著《蜂衙小记》中有中华蜜蜂生物学特性的详细描述。

三、独来独往的壁蜂

认识壁蜂

壁蜂的个体略小于意大利蜜蜂，胸部短而宽，呈粗壮型。分为雌蜂和雄蜂，无蜂王和工蜂之分。雌性蜂体色灰黄色，体长因种类不同而有所变化，一般为 8 ～ 15 毫米，腹部腹面具有排列整齐的腹毛刷，腹毛为橘黄色至金黄色，雌性蜂没有蜡腺；雄性壁蜂腹部呈灰白色或灰黄色，腹部没有腹毛刷，复眼内侧和外侧有 1 ～ 2 排黑色长毛，体长一般为 9 ～ 18 毫米。卵呈长椭圆形，略弯曲，白色透明，长 2 ～ 3 毫米。老熟的幼虫体粗肥呈 C 形，体表半透明光滑，长 10 ～ 15 毫米。前蛹乳白色，头胸较小，腹部肥大呈弯曲的棒锤状。蛹初期呈黄白色，以后逐渐加深。茧暗红色，茧壳坚实，外表有一层白色丝膜，茧直径 5 ～ 7 毫米，长 8 ～ 12 毫米。

壁蜂的种类

壁蜂根据形态分为紫壁蜂、凹唇壁蜂、角额壁蜂、叉壁蜂、壮壁蜂等。其中，以凹唇壁蜂种群数量最大，授粉效果明显，目前，已经成为我国北方主产果区的主要授粉蜂种。

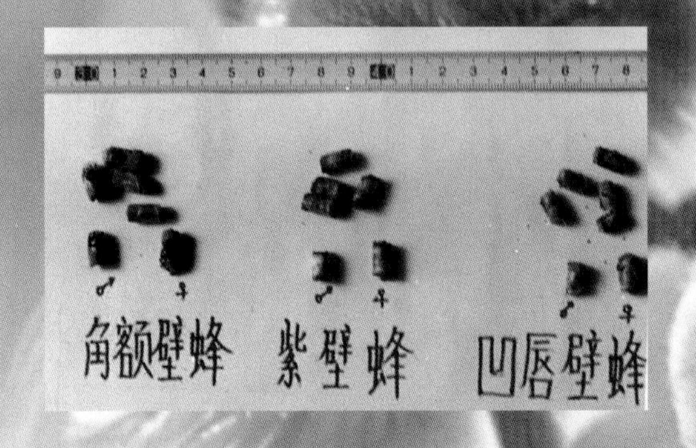

壁蜂的生物学特性

壁蜂属中的大部分种类是独栖生活的，一年发生一代，以成虫在蜂巢中茧内越冬。成虫于果树开花时出茧活动，营巢产卵，其他各虫期均在巢内度过，因而便于收集保管，可自然地避免与果园喷药治虫的矛盾；此外，壁蜂自然生存、繁殖力强、性温和、无需喂养；早春活动早，耐低温，繁殖率高，活动范围小，传粉速度快，授粉效果好，即使在雨天等恶劣天气也能出巢授粉。它的分布范围很广，除澳大利亚和新西兰以外均有分布。

壁蜂的野外生活

壁蜂属独居性昆虫，但喜欢与同类聚生，常常可以看到多只壁蜂比较集中地在一个地方各自筑巢，繁殖后代，这一习性，为人工饲养繁殖提供了有利的基础。

壁蜂一般在田埂或者地下，直径为 7 ～ 10 毫米的天然空洞建巢，根据种类的不同，它们的营巢场所也不同。

壁蜂一般在其原巢附近或蜜源附近建巢，并且喜欢在朝南或东南方向筑巢。其巢穴呈管状，由一系列的巢室组成，一般一个巢管长 150 ～ 200 毫米，每个巢室长约 20 毫米，由 7 ～ 10 个巢室组成。

壁蜂适宜授粉作物

梨、苹果、桃、樱桃、猕猴桃、杏、李等果树均适合用壁蜂来授粉。在缺乏以上果树的情况下，壁蜂也采集萝卜、大白菜、油菜、草莓等作物的花粉、花蜜。

四、像“熊”一样的蜂

熊蜂蜂王、雄蜂交尾

熊蜂为膜翅目、蜜蜂总科、熊蜂属昆虫的总称。熊蜂与蜜蜂同属于社会性昆虫，分为蜂王、雄蜂和工蜂。巢房为圆球形，不规则排列，用于蜂群生活，存储粮食，产卵育虫。熊蜂多用于授粉。

熊蜂的形态特征

熊蜂体形较大，多毛，喙长，多为黑色，形如“熊”，并带黄或橙色宽带，飞翔速度快，采集能力强，每分钟访花15～20朵，一次可携带花粉数百万粒，是优良的野生传粉昆虫。国内的野生优势蜂种主要有5个：红光熊蜂、明亮熊蜂、火红熊蜂、密林熊蜂、小峰熊蜂。

明亮熊蜂

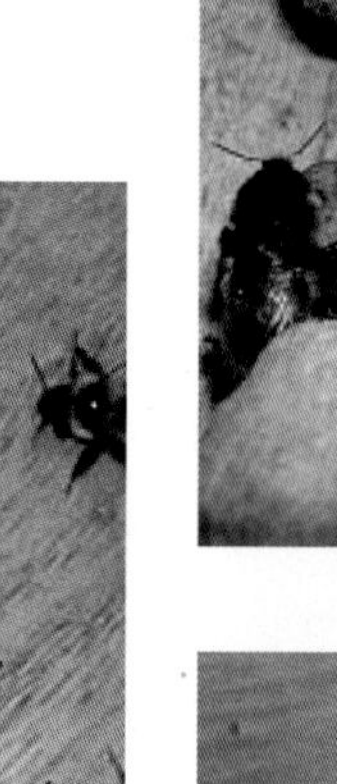

火红熊蜂

小峰熊蜂

密林熊蜂

红光熊蜂

熊蜂的特性

①熊蜂有较长的口器（吻）：蜜蜂的吻长为 5 ～ 7 毫米，而熊蜂的吻长为 9 ～ 17 毫米，因此，对于一些深冠管花朵的蔬菜如番茄、辣椒、茄子等，应用熊蜂授粉效果更加显著。

②采集力强：熊蜂个体大，寿命长，周身布满绒毛，飞行距离在 5 千米以上，对蜜粉源的利用比其他蜂更加高效。

③耐低温和低光照：在蜜蜂不出巢的阴冷天气，熊蜂可以照常出巢采集授粉。利用熊蜂耐低温的生物学特性，能够实现温室作物周年授粉，特别是冬季授粉。

④趋光性差：在温室内，熊蜂不会像蜜蜂那样向上飞撞玻璃，而是很温顺地在花上采集。

⑤耐湿性强：在湿度较大的温室内，熊蜂比较适应。

⑥信息交流系统不发达：熊蜂的进化程度低，对于新发现的蜜源不能像蜜蜂那样相互传递信息，也就是说，熊蜂能专心地在温室内采集授粉，而不会像蜜蜂那样从通气孔飞到温室外的其他蜜源上去。

⑦声震大：一些植物的花只有当被昆虫的嗡嗡声震动时才能释放花粉，这就使得熊蜂成为这些声震授粉作物如草莓、番茄、茄子等的理想授粉者。

⑧可以周年繁育：能够在人工控制条件下缩短或打破蜂王的滞育期，在任何季节都可以根据温室蔬菜授粉的需要而繁育熊蜂授粉群，从而解决了冬季温室蔬菜应用昆虫授粉的难题。

熊蜂适宜授粉作物

熊蜂在 8 ～ 35℃内均能正常访花授粉。对作物也不挑剔，有无蜜腺和异味的植物均可访花。对湿度和光照条件要求也很低，80％以内的湿度、阴天都可正常访花。熊蜂的趋光性差，信息交流系统不发达，对低温弱光高湿环境的适应能力显著优于蜜蜂，特别适合为设施作物授粉而不去撞棚或飞逃。熊蜂访花作物种类广泛，最适宜为番茄、甜（辣）椒、茄子等茄果类蔬菜授粉，也适合为黄瓜、甜瓜、南瓜、蓝莓、草莓、果树等许多作物授粉。

五、喜欢切叶的蜂

切叶蜂的识别

切叶蜂属于膜翅目蜜蜂总科切叶蜂科切叶蜂属，切叶蜂分为雌蜂和雄蜂，没有蜂王和工蜂之分，也不酿造蜂蜜。用植物叶片构建管状巢房，用于产卵、育虫、越冬。

切叶蜂体大型或中型，黑色，偶有体色或腹部红黄色，体毛较长而密；口器发达，是蜜蜂总科中长口器的进化类群之一，中唇舌长一般达腹部，下唇具颏及亚颏，上唇长，上颚宽大，一般具 3 ～ 4 齿；头部宽大，几乎与胸等宽。头及胸部密被毛，前翅具 2 个等大的亚缘室，爪不具中垫，雌性腹部腹板各节有整齐排列的毛刷，为采粉器官，雄性腹部背板被毛或背板端缘具浅色毛带。雌蜂具螯刺，但不主动攻击，很少用它，螫人时只会引起一点疼痛，有利于饲养。雄蜂不具螯刺。是农、林、牧业植物的重要传粉蜜蜂。

切叶蜂的野外生活

切叶蜂为独栖性昆虫。在自然状态下，交配后的雌性切叶蜂，大都利用比其身体稍大，直径约 7 毫米的天然的孔洞，如树干上的洞穴、建筑物的洞或裂缝，以及壁蜂、木蜂和其他切叶蜂出巢后留出的空巢、甲虫等其他昆虫的蛀洞等现成的洞穴筑巢，有的利用材质较软、具木髓的植物（如玫瑰）枝干，将木髓挖除作巢，偶尔在地穴中筑巢。通常切叶蜂较喜爱在朝南或东南向的巢穴筑巢。

切叶蜂的巢穴深度达 100 ～ 200 毫米，呈管状。

切叶蜂筑巢产卵

交配过的雌蜂在数日内选定巢穴后，先将巢穴清理干净，然后开始采集、筑巢和产卵。筑巢时，切叶蜂到其喜爱的植物（多为蔷薇科植物）上，用宽大的上颚在叶片上切下直径约为 20 毫米的圆形叶片，带回巢穴后卷成筒状，并将其一端封闭，形成巢室。接着，切叶蜂开始采集花粉和花蜜，将它们混合成蜂粮，贮于巢室内，并产下 1 粒卵，然后再另切圆形叶片封闭巢室顶部。第 2 个巢室直接筑于第 1 室上，直至巢穴或巢管造满巢室。

与壁蜂一样，独栖的切叶蜂也喜欢与同类聚生，在一些较集中的天然巢穴上，常常可以见到多只切叶蜂在各自筑巢，繁殖后代。切叶蜂的这一习性，为人工饲养切叶蜂提供了生物学基础。

切叶蜂适宜授粉作物

苜蓿花具有独特的开放机制，只有切叶蜂能迅速打开其龙骨瓣的下部，使花瓣张开，花瓣和柱头外露，从而完成授粉。切叶蜂成虫在不同年度间由于气候不同，活动时间有较大差异，一般与自然界苜蓿和豆类植物的花期同步， 特别适合于为苜蓿、草木樨、白三叶草、红三叶草等多种豆科牧草授粉。

六、不螫人的无刺蜂

无刺蜂，别名蚁蜂、小酸蜂、无螯蜂，属于蜜蜂总科、蜜蜂科、无刺蜂属，起源于非洲，逐渐发展到热带和亚热带地区，成为此地区植物的传粉昆虫之一。

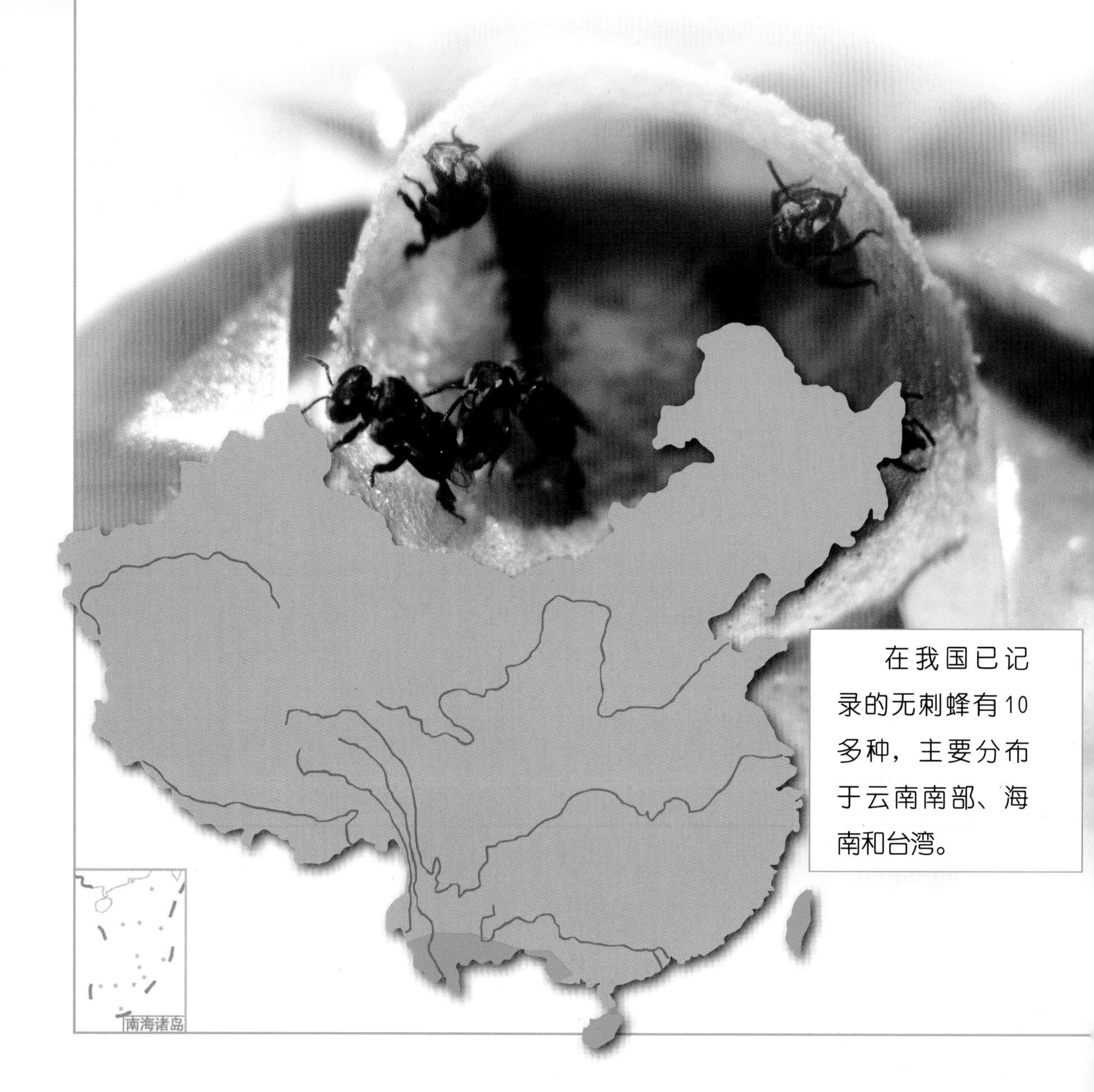

在我国已记录的无刺蜂有10多种，主要分布于云南南部、海南和台湾。

无刺蜂的形态特征

无刺蜂体长 3 ～ 5 毫米，少数可达 10 毫米。体呈黑色、体表光滑。头大、多数宽大于长。口器发达，中唇舌长，触角短，复眼内缘稍微弯曲，唇基宽大于长。中胸小盾片侧面观凸出，遮于后胸上。翅长明显大于体长，翅痣小，翅脉退化，无亚缘室。工蜂的后足胫节宽，外缘具长毛，形成花粉筐，基跗节宽扁，内表面具整齐排列的毛刷，适于对花粉的采集。腹部末端无螫针。

无刺蜂的生物学特性

无刺蜂营群体生活，能泌蜡筑巢、采集和贮存蜂蜜、花粉。营巢于树洞、墙缝、岩隙，巢门口有一由工蜂分泌的蜡质和采集的树胶筑成的喇叭管，蜂巢由 3 部分组成，上部为产卵区，中部为贮粉区，下部为贮蜜区，育虫的巢房较小，贮蜜和粉的巢房较大，层次分明。蜂巢两端常用蜂胶和蜡质封闭包裹，保温保湿，防止外部敌害入侵。群内也有不同的分工，雌蜂专司产卵，个体较大；雄峰也能采集，交配后不久即死亡；工蜂数量上万只，专司采集花粉、花蜜和哺育后代。

无刺蜂也能授粉

无刺蜂活动的最适宜温度在 20℃以上，25℃以上活动最强；13℃时出现冻僵现象，常在飞行中掉落地上，对光十分敏感，如用灯光照射巢门，气温低于 10℃以下，也会飞出巢外。

黄纹无刺蜂体小、灵活，可以深入花管采蜜，充分为农作物、果树和中药材授粉。一些热带国家已人工饲养并利用无刺蜂为农作物授粉。据在昆明观察，能采集油菜、女贞、玉米及一些瓜果类等 20 多种植物。利用无刺蜂为砂仁授粉，增产效果十分显著，今后可以驯养作为专业授粉蜂种，用于农作物授粉。其蜂胶的产量较高，也可开发利用。

无刺蜂——社区、公共场所植物授粉首选

无刺蜂，没有螫针，不会螫人，因此，除了用于农作物传粉还可以用于公园、社区等公共场所植物的授粉。

七、蜂家族的其他成员

（1）彩带蜂

是苜蓿的高效授粉昆虫，国外已将其用于商业性的授粉工作中。

（2）木蜂

体大舌长，能携带大量花粉，授粉效果较好。据研究，木蜂能为菜豆、白芸豆、瓜类、果树、蔬菜、牧草等 67 种作物授粉。但木蜂尚未被人类成功驯化。

（3）无垫蜂

生活能力强，动作灵活、敏捷，授粉效果很好，可为南瓜、向日葵、木槿、红三叶草、砂仁、油菜、甘蓝、荞麦、菜豆等 46 种植物授粉，有待于进一步研究、驯化。

（4）地蜂

地蜂可为苜蓿、向日葵、桃、紫薇、山梅等 16 种植物授粉，并且授粉效果较好，有待于进一步研究将其人工饲养驯化，并在生产中加以应用。

（5）胡蜂

分布于全世界。长约 16 毫米，触角、翅和跗节橘黄色，身体乌黑发亮，有黄条纹和成对的斑点。是蜜蜂的天敌。

第3章　授粉蜂怎样人工繁殖

一、独居蜂的繁殖
二、群居蜂的繁殖
三、授粉蜂的居家生活

一、独居蜂的繁殖

壁蜂、切叶蜂均属于独居蜂，在这两种蜂的蜂群中，没有工蜂和蜂王之分，只有雄蜂和雌蜂，雄蜂主要负责与雌蜂交尾，雌蜂负责筑巢、访花、采集、繁殖产卵等活动。

独居蜂的聚生生活

独居蜂，独栖生活，但群集活动习性很强，喜欢与同类聚生，在一些较集中的天然巢穴上，常常可以见到多只雌蜂在各自筑巢，繁殖后代。据观察，它们可以在同一块巢块或巢板上营巢，各自采集和培育后代。

壁蜂

1. 壁蜂的野外繁殖

壁蜂在自然界都是 1 年发生 1 代。卵、幼虫和蛹均在管内茧中生成发育，成蜂也在茧内过冬，成蜂的滞育必须经过冬季长时间的低温作用和早期的长光照感应，当气温上升至 12℃，茧内睡眠的成蜂才能苏醒，破茧出巢，开始访花采粉、营巢和繁殖后代等一系列生命活动。独居蜂雄蜂破茧要早于雌蜂 2～4 天，雌蜂一旦出现，雄蜂立即飞向雌蜂，争相与之交尾。交尾的场所大都在巢箱内、巢箱周围的地面和果树上。

交配过的雌蜂在 3～4 天内选定巢穴，进行标记，打扫，开始采集花粉、筑巢和产卵。卵均产在花粉团的斜面上，卵的 1/3 埋入花粉团中，2/3 的卵外露，每个巢室中有 1 个花粉团和 1 粒卵。卵经过幼虫、蛹，发育成为成蜂，一般 8 到 9 月便进入滞育状态，呆在茧内度过秋天和冬天。

壁蜂从释放开始，5～9天开始筑巢、产卵。卵期7～10天，孵化的幼虫靠吃花粉团生长发育，幼虫经过30～35天开始化蛹，经过40～60天蛹羽化为成虫，进入越冬期，翌春出蜂。

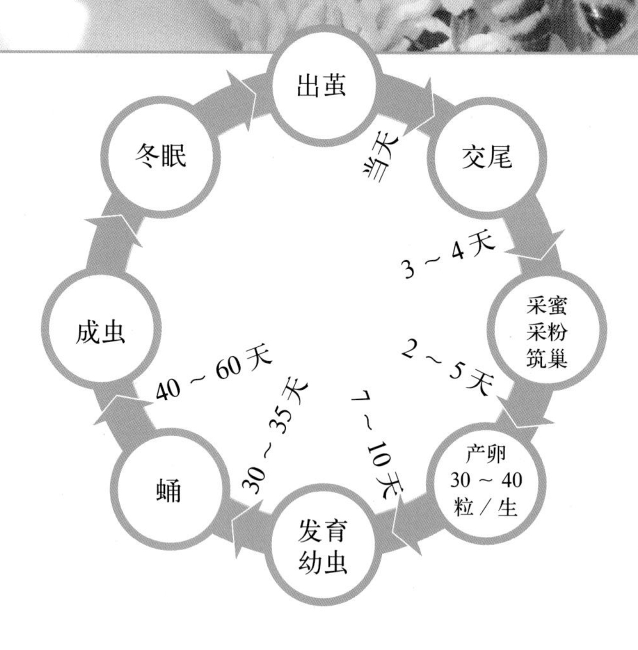

2. 壁蜂的人工繁殖

壁蜂的饲养繁殖与群居蜂（如蜜蜂）不同，不需要提供饲料和人为饲养管理，只要提供壁蜂生存繁殖的巢管、巢箱即可，然后采取适当措施控制出房时间，定期回收巢管和蜂茧。

（1）壁蜂人工繁殖蜂具

目前，壁蜂人工繁殖巢管根据制作材料不同主要有芦苇管（竹管）、纸管、泥管、塑料管、木制组合巢板。

①芦苇管：采用内径5～7毫米的芦苇为材料，锯成150毫米长，一端留茎节，一端开口的巢管，管口用砂纸磨平，不留毛刺，然后扎成捆，形成巢房。

②纸质巢管：内径6～7毫米，壁厚1～1.2毫米，长度150～160毫米，两端切平，一端封底，一端敞口，扎成捆。竹管、塑料管制作方法类似。

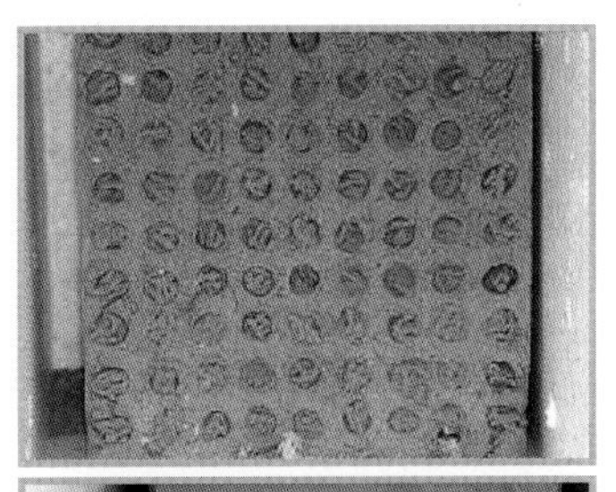

③泥管：制作方法类似以前农村冬天制作的“蜂窝煤”，将孔径控制在5～7毫米，高度150毫米，底部用泥封口。

④木制组合巢板：选用不变形木板，厚度15毫米，两侧均匀打凿出直径为6～7毫米的半圆形槽，根据需要可将不同数量的木板组合在一起形成巢室供壁蜂产卵繁殖。

（2）引诱壁蜂营巢繁殖

①在壁蜂出房前几天或者在果树开花前几天，将巢管固定在往年壁蜂长出现的果园的南向或者东南向的墙壁上，离地约50～100厘米，或者固定在上午阳光能照到的树干上，招引交配后的雌蜂前来筑巢繁殖。要在巢管上方加遮阳防雨板，在巢管安置处附近放一些潮湿的泥土，供壁蜂筑巢取用。

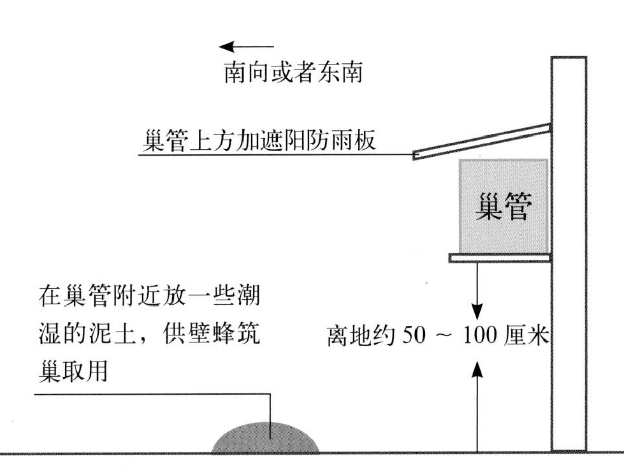

②对于已经有人工饲养壁蜂的，可以将巢管固定在正在饲养或者提供授粉壁蜂巢管的附近或者旁边，供雌蜂出房交配后使用，因为新一代的雌性壁蜂喜欢在旧巢附近寻找新巢房。

在巢管安置处附近放一些潮湿的泥土，供壁蜂筑巢取用

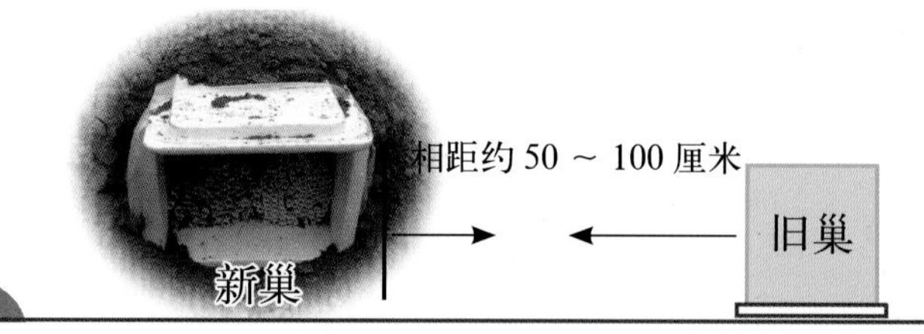

（3）回收巢管

在果树全部谢花后，约 5 月中下旬，授粉任务完成，壁蜂也基本停止营巢活动，巢管口已封上泥盖，筑巢的壁蜂也已死亡。从放蜂开始到繁蜂结束，这一过程大概 40 天。繁蜂结束应及时把巢箱收回，或者巢管满一个收一个。移到预先选定的场所集中存放，以减少可能的壁蜂天敌或寄生虫对它的危害，同时便于果园进行常规化的打药，防治病虫害。

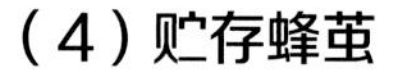

（4）贮存蜂茧

回收的巢管经过一段时间的干燥，剥离后，将蜂茧贮存在 2 ～ 5℃的冰箱或冷库中，待来年使用。

切叶蜂

1. 野外繁殖

切叶蜂多数为1年1代，少数1年2代，生活史分为卵、幼虫、蛹、成虫4个阶段，以成虫或老熟幼虫在茧内越冬，次年春天化蛹羽化为成虫。成虫于5月中旬开始出巢活动，交配、筑巢、访花采食和产卵，雄蜂在交配后数日死亡。雌蜂在6月初开始产卵，一个巢室内产1粒卵，经过幼虫发育为蛹，蛹体均被叶片包裹，简称蜂茧。部分蜂茧相继羽化为成虫，在茧内进入越冬滞育状态，次年春夏条件适宜的季节又开始出巢活动。

2. 人工繁殖

切叶蜂的饲养繁殖同壁蜂一样，不需要提供饲料和人为饲养管理，只要提供巢管、巢块即可，然后采取适当措施控制出房时间，定期回收巢管和蜂茧。

（1）巢管的制作

多用泥管、纸管、塑料管和木制重组巢管。直径 7 毫米左右，长度 150 ～ 200 毫米。

采用巢块或巢板诱引切叶蜂前来筑巢繁殖的方法与壁蜂的相似。

（2）诱捕点布置

6 月初苜蓿开花时，在丘陵地区，将带有巢管的蜂箱放入事先挖好的洞内，并用土埋好，成自然状态，注意洞口和蜂箱做好保温、防雨、防晒等工作，蜂巢放置时巢口朝向东南方向，引诱野生访花切叶蜂入巢。

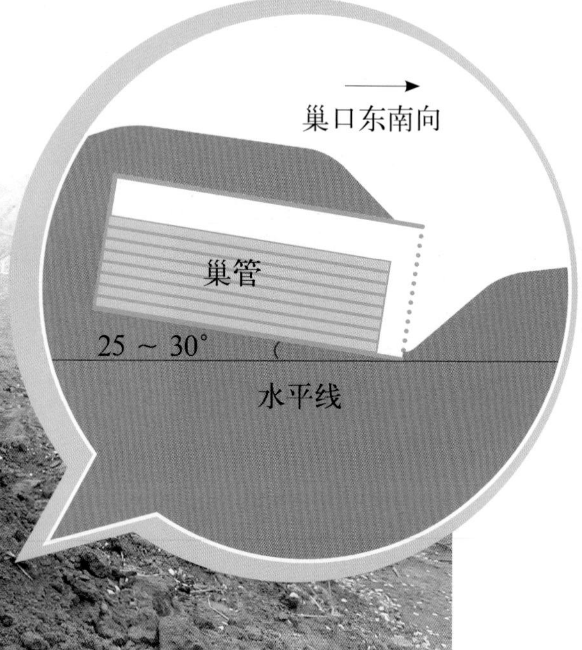

丘陵地区诱捕地点布置图

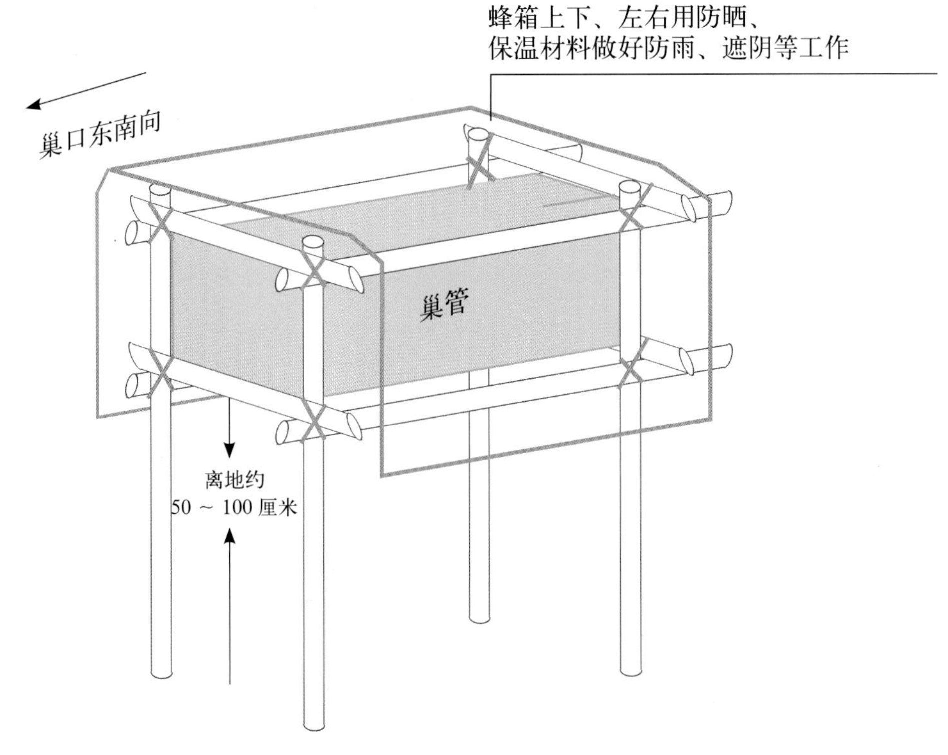

平原地区诱捕地点布置图

平原地区，在苜蓿和牧草地内搭蜂架设巢，其方法是每点利用 4 根长棍和 8 根短棍在地上搭起宽窄与蜂箱相似或与放入蜂巢等体积的蜂箱保护架，保护架离地 50 ～ 100 厘米为宜，4 个角入土固定，将盛有巢管的蜂箱放入保护架中间，蜂箱上下、左右用防晒、保温材料做好防雨、防晒遮阴等工作。蜂箱巢口面向偏东南方向，有利于早晨的太阳光线照射到箱体巢口，提高箱内温度。

（3）回收巢管

当新筑蜂巢造满 70% ～ 80% 时，就应及时把巢块从野外收起放在背阴通风处集中贮存。由于此时尚有雌蜂产卵繁殖，所以在收取蜂巢时，应在原处适当放些空蜂巢，让它们继续产卵繁殖，直到花期结束和没切叶蜂活动为止。一旦花期结束，切叶蜂的数量急剧减少，这时应把野外大部分蜂巢收起，最后封盖的留到最后收起。

（4）切叶蜂室内孵化

通常通过调整切叶蜂的孵化温度来控制切叶蜂的羽化时间。大量的试验研究表明，切叶蜂在 29 ～ 30℃，相对湿度 70% ～ 80% 时羽化效果最佳，孵化温度每降低 1℃，孵化时间将延长 26 小时。因此，应约在授粉作物开花前 25 天，把孵化箱或生长培养箱清理并彻底消毒，把蜂茧放于以上适宜的条件下完成蛹期发育。20 天后即可放到授粉作物区授粉。

（5）寄生蜂防治

在切叶蜂羽化过程中，常出现寄生蜂，在蜂茧孵化至第 5 天时，利用黑光灯辅以 50%敌敌畏乳剂，剂量为 3.5 毫升 / 平方米熏 30 分钟，是防治寄生蜂最有效的方法，可提高孵化率 26%左右。

二、群居蜂的繁殖

蜜蜂

1. 蜜蜂的自然繁殖

自然界交尾后的蜂王可以根据蜂群的需要，产下受精卵和未受精卵，经过幼虫、蛹发育为成虫。未受精卵产在雄蜂巢房，24 天后发育为雄蜂，而受精卵因空间和食物的不同，发育为工蜂或蜂王。受精卵产在六角形的工蜂房中，21 天后就发育成工蜂；如产在较宽大、圆钵状、房口朝下的台基中，专饲以营养丰富的王浆，以后就长成蜂王。

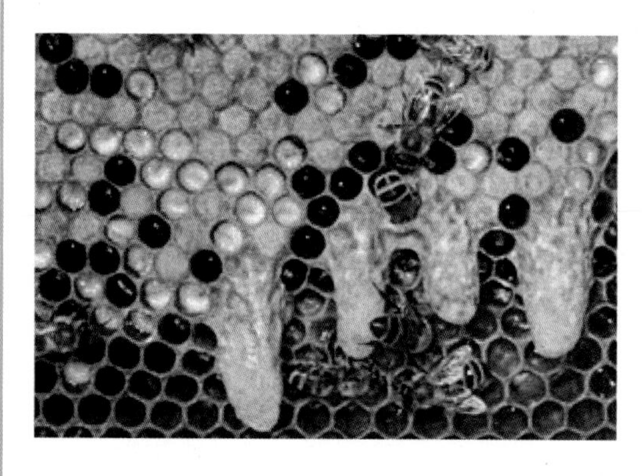

当蜜蜂这个大家族成员繁衍太多而造成拥挤时，就要分群。首先由工蜂制造特殊的蜂房——王台，然后蜂王在王台内产下受精卵，小幼虫孵出后，工蜂用它们体内制造的高营养的蜂王浆饲喂，16 天后这个小幼虫发育为成虫时，就成了具有生殖能力的新蜂王。在新蜂王快羽化时，一半左右的蜜蜂拥护着老蜂王飞离蜂巢另成立新群，把旧巢留给新蜂王和剩余的蜜蜂，随着分出群飞走的蜜蜂主要是青壮年蜂，留在原巢里的蜜蜂多数是幼蜂。分蜂一般是在春末夏初的晴暖天气的上午 10 时至下午 3 时发生。

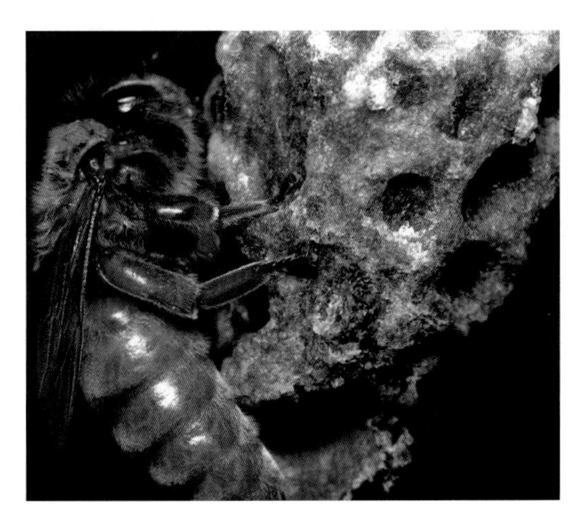

新蜂王 5 ～ 6 天就可达到性成熟，几天内，它会选择一个晴朗、暖和、无风或微风的日子出巢，在空中完成交配。雄蜂完成交配后片刻就死掉了，那些没能与蜂王交配的雄蜂返回蜂巢后，由于雄蜂只知吃喝，不进行采蜜活动，工蜂就会将它们驱逐出巢，最后，冻死或饿死在巢外。蜂王一般寿命可达 5 ～ 6 年，工蜂寿命一般为 3 ～ 6 个月，劳动强度越大，寿命越短。

2. 蜜蜂的人工饲养繁殖

（1）蜂群春繁

北京地区一般在 3～4 月，天气逐渐转暖，外界开始有新的蜜粉源，蜂王开始产卵繁殖，是新老蜜蜂交替期。

（2）蜂群壮大采蜜

北京地区 5～7 月，春暖花开，蜂群繁殖壮大，根据外界蜜粉源植物的不同开花时间可以生产相应品种的蜂蜜、花粉，除自身消耗外可生产蜂蜜 40～60 千克／群。有的还在此期间生产蜂王浆。

（3）分蜂育王

蜂群壮大后，自然产生分蜂热现象，工蜂工作怠慢，逼迫蜂王产出新的蜂王，群内出现自然王台，新蜂王出房后 5 天，交尾、分群、繁育。目前，已实现根据需要人工育王。

（4）蜂群的秋季管理

在 8 ～ 9 月，繁殖越冬适龄蜂，繁殖到 5 框蜂量左右方可安全越冬。9 月下旬到 10 月上旬要饲喂越冬饲料 12.5 ～ 15 千克 / 群，确保蜂群可以度过 4 个月的漫长冬季。

（5）蜂群越冬

11 月至翌年 3 中旬，天气逐渐转冷，外界无蜜粉源，蜂王已停止产卵。外界温度逐渐降低，蜜蜂在箱内结团休眠。需给蜂群加外围包装，加强保暖通风，保证蜂群安全过冬。

熊蜂

1. 野外熊蜂的繁衍

蜂王一般在 4 月出蛰，采粉采蜜，2 周以后开始筑巢产卵，5 月下旬第 1 批工蜂羽化出房，7 月上旬工蜂数量达到最大值，7 月中旬雄蜂开始羽化出房，7 月下旬新蜂王开始羽化出房，8 ～ 9 月新蜂王和雄蜂交配，交配后 2 周左右新蜂王离开蜂群，白天大量取食，以积累体内的脂肪，晚上在草丛或树叶下面过夜，9 月中下旬，天气逐渐变冷，原群雄蜂和工蜂自然淘汰死亡，10 月上旬左右，交配后的新蜂王开始在地下休眠越冬。次年 4 月出蛰。

2. 熊蜂的人工繁殖

主要包括熊蜂王的获取、诱导蜂王产卵、蜂群增殖、新蜂王的产生、人工控制交配、蜂王的滞育处理及蜂王的储备等环节。

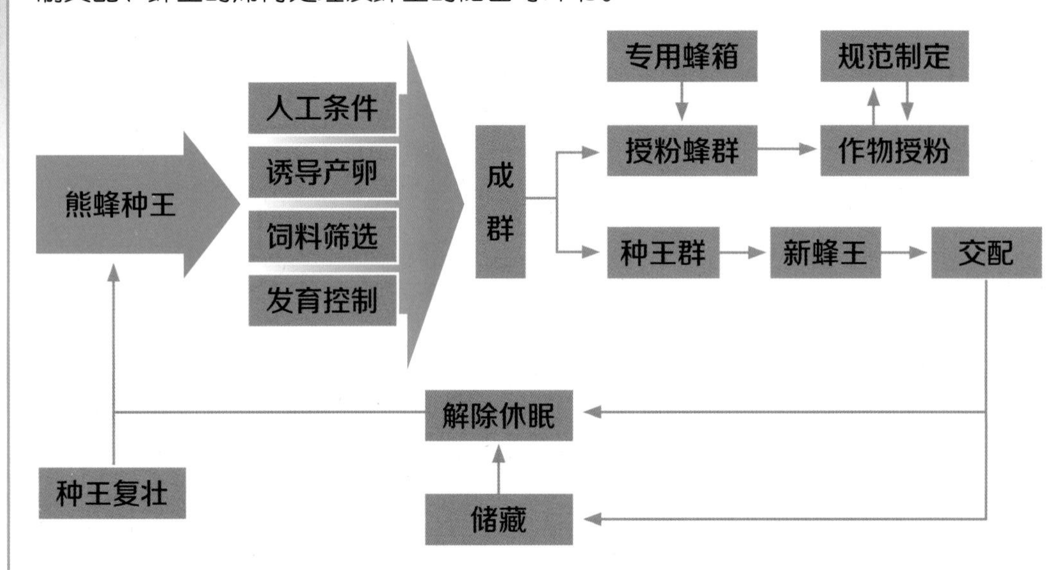

(1) 蜂王来源

熊蜂是从单个蜂王开始繁殖的，人工饲养熊蜂的蜂王来源于3种途径。

1）野外捕捉熊蜂王

即从自然界捕捉早春出蛰的野生蜂王。捕捉野生蜂王时要根据各地的物候和蜜源植物的不同把握好捕捉时间，能捕捉到初出巢还未产卵的蜂王是最理想的。捕捉时动作要轻巧，防止蜂王受到伤害，捕捉后要提供足够的饲料保证蜂王活泼健康。

2）应用储备蜂王

当熊蜂繁育技术成熟时，将子代蜂王进行人工交配、营养积累等一系列技术处理后储备起来，可根据计划随时取用进行繁殖。

3）购买蜂王

向专业的熊蜂繁殖公司购买蜂王。

（2）蜂王的人室饲养

将熊蜂王放入饲养箱，然后把饲养箱放入饲养室饲养，饲养技术要点如下。

1）温湿度条件要求

一般饲养室的温度控制在 28 ～ 29℃，湿度控制在 50% ～ 70%。并保持空气清新。随着蜂群的壮大，温湿度要微调，利于蜂群保持活力。

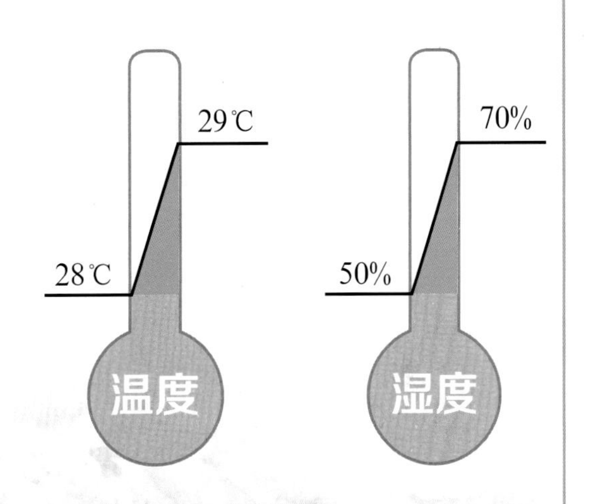

干湿适度的花粉

2）饲料配置

糖液的浓度一般为 50%，用鸟饮水器或蝶形饲喂器来饲喂。花粉的干湿度要适当，既不能太硬也不能太软，一般制成花粉团置于箱底。

50% 浓度的糖水

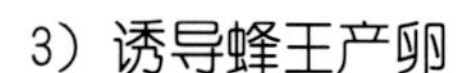

3）诱导蜂王产卵

蜂王限制在饲养箱内，违背了它的自然习性，所以蜂王会表现出紧张烦躁的情绪，不停地在箱子的缝隙处啃咬、乱飞。经过几天的适应后，情绪慢慢稳定下来，食用了人为提供的饲料后，大部分蜂王就开始做筑巢产卵的准备了。为了提高繁育效率，缩短繁育时间，可采用一些辅助诱导措施，使蜂王提早产卵。

诱导产卵的几种方法：

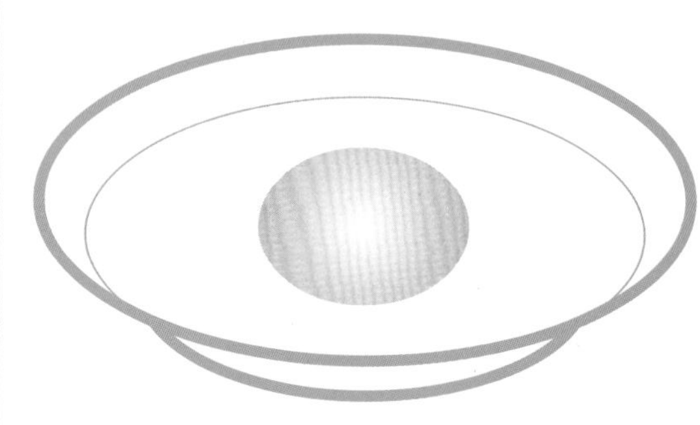

①人工巢基诱导

即在饲养箱内仿照自然熊蜂巢的形状放置人工巢基，可以起到诱导蜂王产卵的目的。

②熊蜂蛹或工蜂诱导

在饲养箱中放入 3 ～ 4 只其他群的熊蜂蛹或工蜂，可以有效地提高熊蜂王的产卵积极性，能够使熊蜂王提早产卵。

③蜜蜂工蜂诱导

当没有现成的熊蜂群可提供熊蜂工蜂时，可用蜜蜂工蜂来代替，也可以起到诱导产卵作用。

4）转箱

如果采用了大饲养箱就不要更换了，若用的是微型饲养箱，当第一批工蜂出房后，巢箱内比较拥挤时，应将小巢箱的熊蜂巢和熊蜂移入大饲养箱中饲养。

换箱时，先将蜂王和工蜂依次捕捉后放入大饲养箱，然后把蜂巢也移入大箱中，这样熊蜂就进入了快速增长期。

5）增长期的管理

增长期管理比较严格，当第一批工蜂出房后，很快就参加清理巢房、饲喂幼虫、孵卵等工作，大大提高了熊蜂的哺育能力，熊蜂群增长迅速。

①饲养室内环境

饲养室应尽量保持恒温、恒湿、黑暗、安静。在进行饲喂、清洁卫生的工作时，动作要轻稳，避免惊动蜂群。繁殖室的光线一般采用红光。

②饲料的供应

要观察群势的大小，供给合理的饲料量。糖液应保持连续不断供给，花粉饲喂应隔 1 ～ 2 天。

③室内和箱内卫生

室内卫生搞不好，容易滋生微生物及虫蛾等害虫，常见有蛾类害虫侵入熊蜂巢滋扰熊蜂的正常生活。此外，由于熊蜂粪便排泄在饲养箱内也会形成污染，因此要定期清理蜂箱，一般用镊子夹着卫生棉球清理粪便等污物。

④劣质蜂群的淘汰

有时会发生蜂王停产、啃咬巢脾房、提早产雄蜂、蜂群发展异常缓慢等现象。对于这些劣质蜂群应及时淘汰。

6）子代雄蜂及蜂王的管理

当熊蜂群势增长到高峰期时，蜂王就开始产未受精卵来培育雄蜂，接着群内出现王台，培育子代蜂王。

每隔 2 ～ 3 天将新羽化出房的蜂王从饲养箱捉出来放置在不同的饲养箱集体饲喂，以蜂王日龄为划分标准，使每个饲养箱内的蜂王日龄大体相同，同时对雄蜂的日龄情况作详细记录，为随后的人工控制交配做好准备。

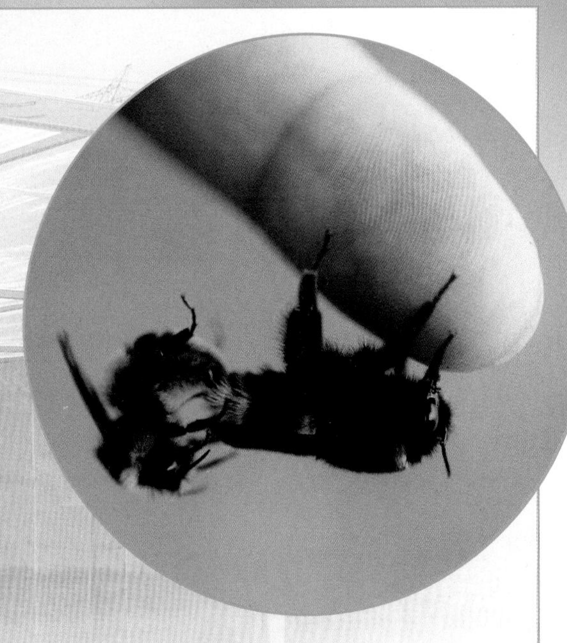

7）人工控制交配

①交配室的消毒处理

在交配操作前两个星期先用消毒液对交配室或交配笼进行消毒，使交配室没有化学气味残留，再用紫外灯照射对空气消毒。

②交配室的温湿度控制

交配室的温度一般控制在23～26℃，相对湿度为60%左右。

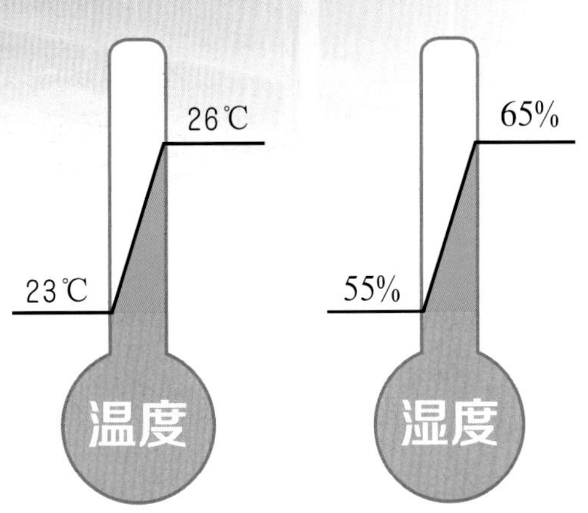

③雄蜂及蜂王的交配日龄

不同熊蜂种蜂王及雄蜂的性成熟时间会有所差异，因此最佳交配日龄也有所不同。大多数熊蜂可在蜂王4～10日龄、雄蜂10～20日龄范围内完成交配。

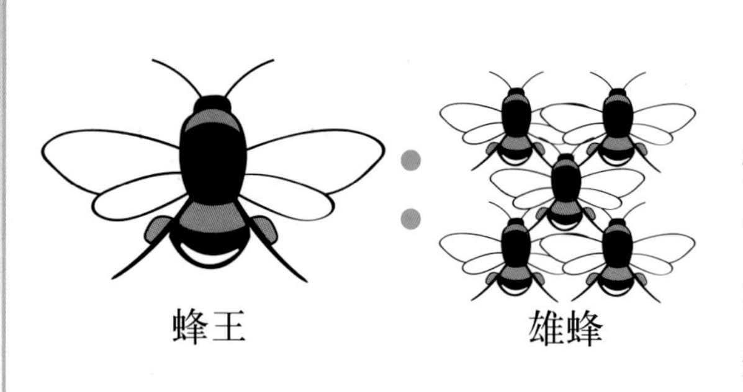

④不同性别的比例

雄蜂和蜂王交配有最佳性别比例，当熊蜂充足时，蜂王和雄蜂按1 ：3 ～ 5 的比例投放，这样既容易保证雄蜂用量，又可获得较为理想的交配效果。

⑤蜂王的密度一般控制在每立方米 30 ～ 40 只。

8）蜂王交配后的储存

交配完成后，将蜂王放入饲养箱进行饲喂，使蜂王有较多的脂肪积累。饲喂 7 ～ 10 天后即可对蜂王进行低温储存。储存的方法是将蜂王单独放在纸盒或塑料盒中，然后放入恒温恒湿的环境中。

9）打破休眠，实现熊蜂的连续繁殖

将低温储藏的蜂王取出，在 23 ～ 25℃、60％的条件下进行 3 天适应饲养，然后进行 CO_2 技术处理以打破蜂王的休眠。储藏 3 个月以上的蜂王则无需处理可直接进行适应饲养后诱导产卵进入下一个生产循环。

三、授粉蜂的居家生活

蜜蜂的家

蜜蜂的家是由六边形巢脾组成，工蜂和雄蜂孵化室在巢房内，但雄蜂巢房略大于工蜂巢房，蜂王孵化是在其特有的王台中。

熊蜂的家

熊蜂的家呈不规则圆球状，圆球相互罗列在一起，一个连接一个，熊蜂的三型蜂就在这些球状巢房中孵化。

壁蜂的家

野生壁蜂的巢房常常设置在枯树上其他昆虫蛀的洞、石头缝、房屋墙壁上的空洞、土缝、地面上的土洞、芦苇管，还有一些在死去的空贝壳中营巢，壁蜂的卵、幼虫、蛹、成虫均在茧内过冬。人工饲养壁蜂，主要就是管理蜂茧，调节温度控制壁蜂出茧时间与作物花期一致，采取措施促进壁蜂的繁殖，提高回收蜂茧数量。

切叶蜂的家

野生切叶蜂的巢房常建在空心的树木中，有时还在建筑物的缝隙中，甚至反扣的花盆中筑巢。切叶蜂的四个发育时期与壁蜂相似，均在茧内度过，成虫也是在茧内度过大部分时间，只有当气温达到一定条件，需要出去采集授粉时，才会出茧。

第4章　怎样使用授粉蜂

一、授粉现状

人工辅助授粉普遍

由于过去化肥、农药的大量使用，使环境恶化、生态破坏，传粉昆虫大量死亡和灭绝；农业单一品种的规模种植造成传粉昆虫相对不足；设施农业迅猛发展，棚室结构与高温高湿环境阻碍了传粉昆虫的进入等原因，农业生产中不得不采用人工辅助授粉来保障花朵坐果率和作物产量。目前，生产中主要的辅助授粉方式有人工对花、喷洒坐果灵等激素、利用震荡器或鼓风机等。

人工授粉有诸多缺点：

1. 劳动强度大，费工费时；
2. 无法掌握最佳授粉时间，授粉效果不理想；
3. 穿行授粉易对植株造成机械摩擦和损伤，增加病虫害发病率和农药使用量；
4. 有激素残留风险，浓度掌握不好还易造成畸形果，降低产品的商品性。

人工释放蜂类进行自然的辅助传粉是必然趋势。但在实际应用中却出现了一些人为的错误操作，直接影响了蜂授粉作用的发挥。

常见的错误使用方法

虽然蜜蜂授粉相比人工辅助授粉方式具有诸多优点，但它们也不是万能的授粉媒介，除要满足蜂本身的生存需求和适应范围外，也与作物的生长关系密切。因此，要想充分发挥出蜜蜂授粉的作用，首先必须满足作物生长发育的最佳栽培条件，不适宜的设施环境条件影响作物花粉的成熟和释放，会直接影响蜜蜂授粉的效果。

除此之外，在应用蜂授粉的过程中还常发现如下错误使用方法。

1. 应用棚室不安装防虫网

蜜蜂具有趋光性，棚室通风口处若不安装防虫网，授粉蜂或多或少都会飞出棚室无法返回，造成授粉蜂群中工作蜂数量减少，影响授粉效果。

2. 土壤中使用缓释性药片

最近两年，北京地区在西瓜苗移栽时

会每穴放置一片缓释药片，可保障西瓜整个生长期都不会发生蚜虫为害。部分瓜农存在侥幸心理，仍然坚持使用蜜蜂来授粉，结果蜜蜂中毒、大量死亡，根本无法正常进行授粉，给蜂农和自身都造成损失。蜜蜂是灵敏的环境监测者，只要使用了该类药剂就不要再释放蜜蜂。

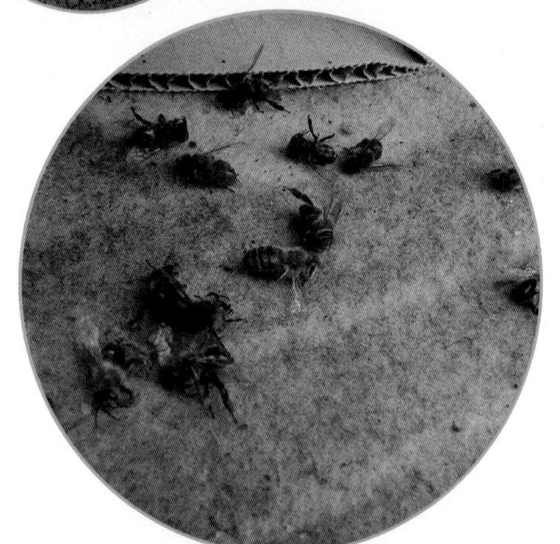

3. 放蜂与用药间隔期少于一周

作为一种生物，蜂类昆虫对农药是非常敏感的，所有的杀虫剂对其都有伤害。因此，如果喷洒杀虫剂的话，间隔期至少达到 1 周才能完全消除其对蜜蜂的影响；杀菌剂的影响稍小，间隔期也要达到 3 天以上才足够安全。并且，药瓶、喷洒药剂的相关设备等都要当即清理出设施。

4. 不认真阅读使用说明，出现人为误操作

①蜂群应在傍晚进棚并打开巢门，如果白天蜂群一到即刻放入棚室并打开巢门，结果蜜蜂不但不能早点开始工作，反而到处乱飞撞棚，造成损失。

②直接打开蜂箱盖而非巢门，蜂群乱飞撞棚。

③授粉蜂箱在不同棚间移动，想充分利用蜂群，结果造成授粉蜂不能归巢。

④不注意更换清水，影响蜂群健康。盛水容器内要放置一些小枝条，便于蜂采水时落脚，否则易淹死。原则上水源要清洁，及时更换，而不要一盘水一劳永逸。

5. 不管天气如何只要放了蜂就行

每种作物开花时花粉释放都需要一定的条件，而且花粉活力保持的时间也不同，如果放蜂授粉时遇到连续的阴雨天，则需加强检查，如西瓜授粉时如遇连续 3 天的阴雨天则必须人工辅助授粉以免影响坐瓜，而如果这 3 天阴雨天间隔开，中间有晴天则无须人工补授。

6. 无授粉树或授粉树严重不足的果园用蜂促坐果

多数果树品种属于异花授粉，自花授粉坐果率很低。在这种果园即使释放壁蜂，由于无“异花”可采，壁蜂的作用也就无法实现，所以必须相应采取其他人工辅助授粉措施。

7. 利用蜂授粉一定能提高果蔬质量

要想真正发挥蜂授粉在提高产量、端正果形、增大果个、改善果品质量等方面的作用，就必须采取综合管理技术措施为作物和蜂提供最适宜的生长发育条件，如加强环境调控、肥水管理、合理疏花疏果、科学修剪、合理负载等。

二、怎样使用蜜蜂为西瓜、草莓授粉

为设施西瓜、草莓授粉

应用前

1. 提前预定授粉蜂群

准确预测授粉西瓜、草莓的开花期，开花前 60 天落实蜂源，使授粉蜂提供者有足够时间去组织和繁育适龄蜂群。

2. 授粉应用环境要求

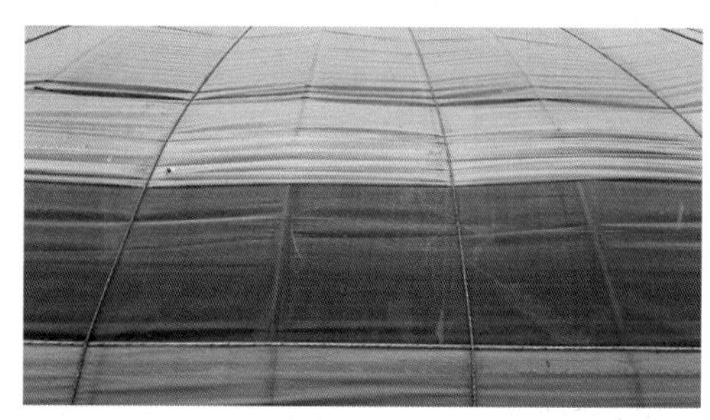

（1）安装防虫网

在蜜蜂进入设施前 2 ～ 3 天，在设施通风口处安装防虫网，保持纱网平整。

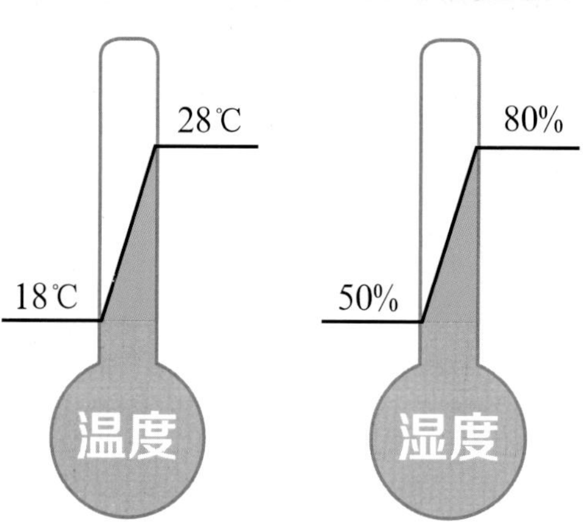

（2）温湿度要求

蜜蜂适宜活动温度范围为 18 ～ 28℃，否则要通过采取保温或者降温措施来调节温度。

蜜蜂授粉适宜湿度范围为 50%～ 80%。

（3）注意棚室换气通风

（4）农药使用规避原则

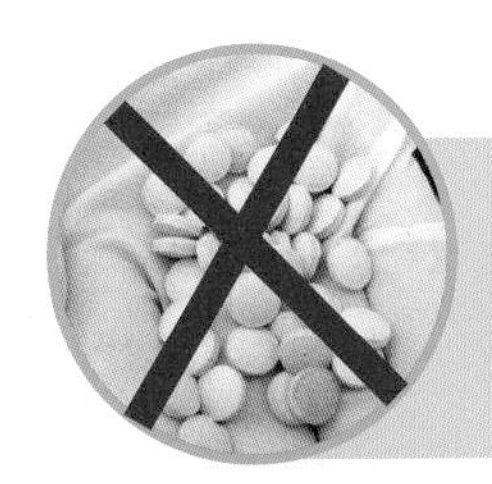

设施内土壤中禁用缓释杀虫药片。

应用蜜蜂授粉前 2 周设施内禁止使用任何杀虫剂。

作物开花期间，尽量避免使用农药，建议用色板诱杀、防虫网隔离等生理防治措施来防治病虫害。

如果必须使用农药，请选择生物农药或者低毒农药，待傍晚蜜蜂回到授粉蜂箱后，将蜂箱搬离。

禁止近棚或者邻棚使用非选择性化学农药；如必须施药，请选择生物农药或者低毒农药。

3. 蜂群质量检查

有王蜂群：每群要有 3 张蜂脾、2 框足蜂，约 5000 只，并配 1 张 2.5 ～ 5 千克成熟饲料的蜜脾和 1 只新产卵的杂交蜂王，在 1 个微型授粉专用蜂箱中配套使用，要保证群内有 0.2 ～ 0.3 千克花粉。

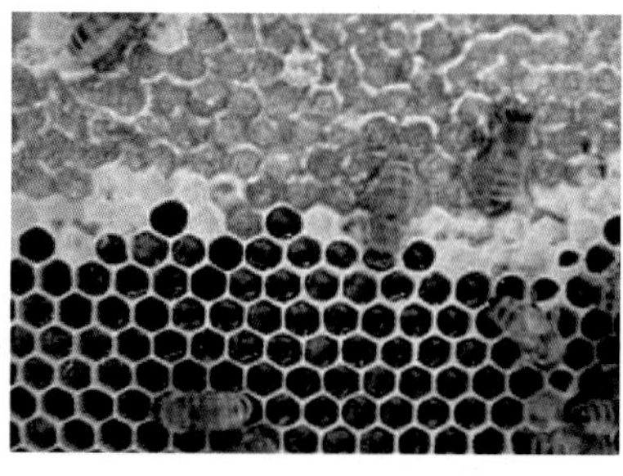

无王授粉蜂群：多为 3 张蜂脾，其中，1 张带有卵或幼虫脾，第 2 张带有老子有蜂脾，第 3 张为饲料空脾，蜂量要求 1.5 框蜂（3000 只）即可，卵：幼虫：蛹：新蜂 =1 ：2 ：3 ：4。

4. 运输要求

① 若自取蜂群，运输过程中注意防寒、防闷、保持通风，但禁止打开巢口。

② 运输工具应清洁、无农药污染。

③ 运输过程中禁止敲打、剧烈震动，否则会遭到蜜蜂攻击。

④ 运输时间应选择在傍晚进行。

⑤ 运输中固定好蜂脾和蜂箱，不要倒置和倾斜；注意码放层数不要超过 5 层。

应用中

1. 授粉期管理技术

（1）蜂群使用量

露地授粉作物

为油菜、大白菜、萝卜等十字花科作物制种田授粉每公顷放 15 箱蜂（约 15 万只蜂）；为雌性系黄瓜授粉，可适当增加蜂群数量，每公顷最好放 15 箱以上的蜂群。田间西瓜授粉每 667 平方米放 5 ～ 8 框蜂。

设施授粉作物

一般一个 667 平方米的棚配一箱 4 框蜂（4 000 ～ 5 000 只）即可，若棚室面积很小，可减至 2 ～ 3 框蜂，但是，群势不能太小，否则蜜蜂难以正常发育，影响授粉效率。

(2) 入棚时间

在西瓜始花期、草莓开花达到 5%左右时放蜂为宜，时间选在傍晚，否则易造成蜜蜂撞棚。

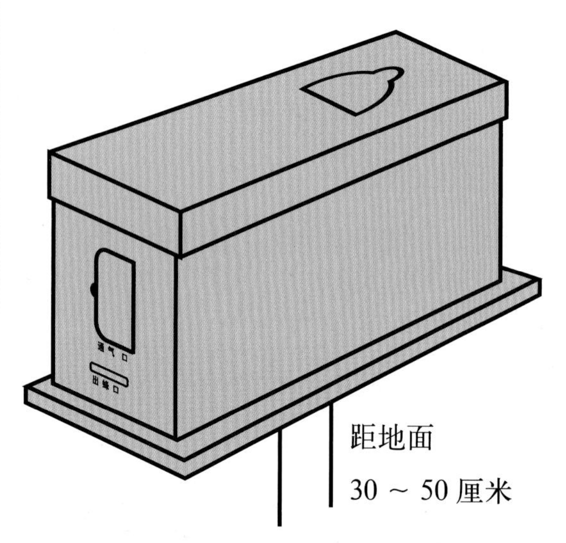

(3) 蜂箱放置

置于棚室中央，距地面 30 ~ 50 厘米，箱盖上加遮阳板，防止水滴打湿箱体，出蜂口朝向南或北。

注意：蜂箱放好后不可任意移动，避免蜜蜂迷巢。

(4) 打开出蜂口

蜂群静置 30 分钟后，按蜂箱上的图示方法打开出蜂口。普通木制蜂箱打开巢门即可。

(5) 蜂群管理操作技术

科学合理的管理蜂群，有利于发挥蜜蜂的授粉力，使蜜蜂有效授粉期延长。

a. 训蜂授粉

从初花期直到末花期，每天用浸泡过授粉作物花瓣的糖浆饲喂蜂群，使蜜蜂就好像在野外发现了丰富的蜜粉源一样，从而使蜜蜂尽快建立起采集这种植物花的条件反射。同时也可在作物上喷洒浓度较低的糖浆，这种方法也能将蜜蜂引诱到需授粉植物上采集，以达到授粉的目的。花香糖浆应是现制现用，以免花香挥发而使花香糖浆失效。

b. 定期检查蜂箱

每次检查的时间在早晨拉帘后，多采用箱外观察、局部检查与全面检查相结合，减少开箱次数及其他干扰，以免影响蜂群正常生活。检查花粉、花蜜和水源是否满足授粉蜂群正常生长繁殖的需要，采集访花是否正常等，并与养蜂员保持联系，发现异常情况要及时采取措施。定期检查设施大棚的防虫网，以免掀起造成蜜蜂飞逃，降低授粉效率。

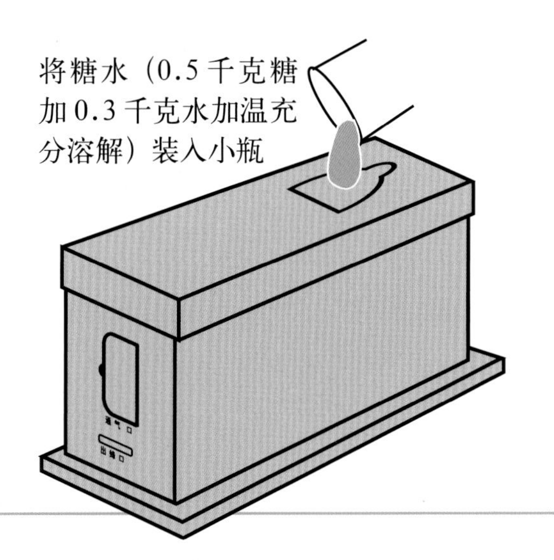

（6）饲喂

将糖水（0.5 千克糖加 0.3 千克水加温充分溶解）倒入“饲喂口”中；每隔 5～7 天饲喂 1 次。木制蜂箱则倒入饲料槽中。

补充饲料

喂水方法主要有两种：一种是利用巢门饲喂器喂水；另一种是在棚内固定位置放 1 个浅盘子，每隔 2 天换 1 次水，在水面放一些漂浮物，供蜜蜂驻足以防溺水死亡。

大棚蔬菜大都流蜜不好，即使是流蜜较好的作物，也因面积较小，整体流蜜较少，难以满足蜂群的生活需要，为蜜腺不发达的草莓授粉时应补饲。喂蜜可直接加入优质蜜脾，也可将白糖用开水溶解成 50% 的溶液，待冷却后放入一矿泉水瓶中（类似的瓶子都可以），瓶口用纱布或棉花堵上，倒挂棚内蜂箱附近即可；或者置于一个小碟子放在蜂箱上面，糖水中放一些草秆或者小枝条，每 2 天换 1 次。这样可保证棚内作物花朵蜜源不足时，蜜蜂仍可正常繁殖。

喂花粉：温室内的花粉无法满足蜂群的需要，如果不补喂花粉饲料、群内幼虫不能孵化，工蜂采集积极性降低，将直接影响授粉效果。可直接加入粉脾或喂花粉饼。

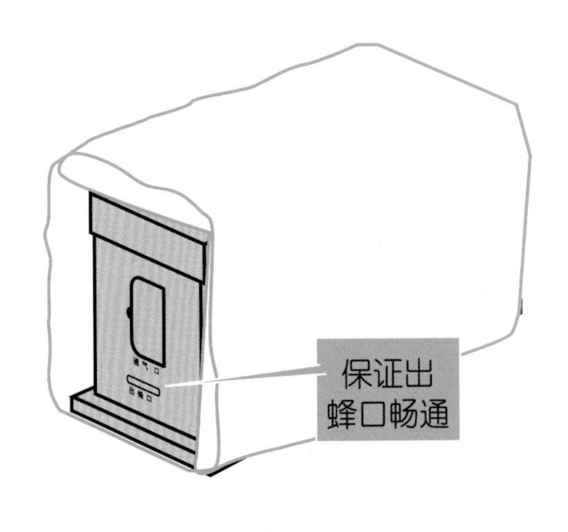

（7）早春、冬季加强保温

当授粉场地环境温度低于10℃时，需加盖棉被或废旧棉衣保温。

2. 授粉后及时选果和疏果

大棚西瓜蜜蜂授粉坐果较多，要求果实长到鸡蛋大时，及时选果和疏果。对京欣类型西瓜来说每株选留1个果形周正、色泽亮丽、大小适中的果实即可，其余小瓜全部疏掉。定瓜后要求及时进行膨瓜期水肥管理。

3. 授粉蜂群回收

授粉结束后，选择在傍晚，当授粉蜂全部回巢后及时撤出蜂群，蜂群要及时交给供蜂者回收处理。

为大田西瓜授粉

授粉蜂群应以组为单位摆放。一方面是由于蜂群的转运通常是在夜间进行的，在田间运输蜂群受到一定的影响；另一方面，成组摆放的蜂群，由于各组间蜜蜂交错飞行和频繁改变采集路线，更有利于进行异花授粉。而若采用单群摆放，易形成固定的采集路线，不利于充分授粉。

三、怎样使用壁蜂为果树授粉

授粉前的准备

1. 调控壁蜂出巢时间

提前一周购置壁蜂茧，放入冰箱内冷藏（2 ～ 5℃），在果树开花前 3 ～ 5 天解除冷藏。控制壁蜂出巢期与果树开花期一致。

2. 授粉应用环境要求

（1）果园土质要求

应以黏土为宜，沙土对壁蜂回巢、繁殖不利。

（2）温度要求

凹唇壁蜂抗低温能力强，早春开始活动的温度为 12 ～ 13℃。

（3）做好病虫害防治

释放壁蜂授粉的果园，必须在放蜂前 10 ～ 15 天打 1 次杀菌剂和杀虫剂，此后及放蜂期间禁止用任何药剂，避免污染水源。

（4）注意保持果园土壤潮湿

果园土壤潮湿有利于壁蜂采到湿土和泥浆，为封堵巢室创造条件。

3. 壁蜂授粉配套器具

（1）制作规范巢管

蜂管粗度为 0.7 厘米左右。释放壁蜂前，按放蜂量的 2 ～ 2.5 倍备足繁蜂所需的巢管。

制作蜂管的材料一般是报纸、书纸或芦苇，将报纸或书纸卷成管状，将芦苇切成段即成，长度要有长有短，或用钻有许多类似巢管大小洞孔的巢板，让壁蜂自然营巢，繁衍后代。

（2）壁蜂授粉专用蜂箱

无味的纸箱、木箱和水泥预制箱都行，形似长方形。一面留口，大小不限，可根据放蜂数量制作，但深度要达到 30 厘米，而且上盖要向前探出 20 厘米，这样蜂管隐蔽，适合壁蜂在隐蔽场所做茧的习性。

（3）释放盒

用各种硬质包装盒均可，但不能有异味，要清洁干净。盒的一端扎 3 个 6.5 毫米的小孔，供壁蜂破茧出巢。置于巢箱内巢管上方。

壁蜂授粉期管理技术

1. 巢箱设置

在果树开花前 3 ～ 5 天，将蜂巢放入果园中，做好防雨措施并固定好箱体，由于壁蜂访花的有效活动范围为 50 米左右，在果园中释放凹唇壁蜂时，每隔 30 ～ 40 米设一巢箱较为合理，最好将蜂箱放在事先搭好的架子上。蜂箱周围空间要稍大，以利壁蜂进出。

蜂管蜂箱一旦摆好，尽量不动，待花谢后一起收回。

高度：蜂箱距离地面 20 厘米左右。

方向：东南朝阳最好。

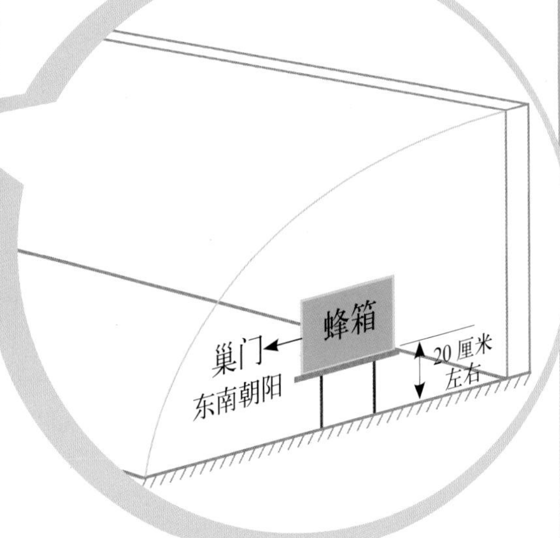

2. 设置湿土坑

壁蜂授粉时，产卵繁殖后代需用湿土封堵巢管，应在蜂箱前 1 ～ 2 米范围内挖一深 50 厘米、直径 30 ～ 40 厘米的土坑，坑内每天浇水保持湿润。沙地果园，坑底最好放些黏土。

3. 种植蜜粉源植物

在蜂箱附近提前栽种油菜、萝卜、早春野花等显花植物，种植 5 ~ 10 个点即可，每个点种 10 株左右，为壁蜂提供充足的花粉和蜜源，有利于延长壁蜂的繁殖时间，增加繁蜂量。

4. 蜂群使用量

放蜂量必须根据果园面积、树种和历年结果状况而定。盛果期的苹果树每亩放蜂 200 ~ 300 只，梨、桃放蜂量每 667 平方米放 260 ~ 300 头蜂茧；初果期的幼龄果园及结果小年，放 100 ~ 150 头蜂茧，放蜂目的是提高坐果率；历年坐果率较高的果园或结果大年果园，每 667 平方米放 200 头蜂茧，主要是提高果品质量。樱桃、杏和李开花早的树种，放蜂量要大些，每 667 平方米放 300 ~ 500 头蜂茧。

5. 放蜂时间

在果树开花前 3 ~ 5 天，傍晚释放蜂茧，将蜂茧放入释放盒，扎孔的一侧朝外放在巢管上方。

6. 定时检查

放蜂后通常有少量蜂茧不能破茧出巢，可在蜂茧上喷水增加湿度，提高出蜂率。放茧 10 天左右应进行人工剥茧，以帮助未出茧的成蜂顺利出巢，并防止蚂蚁危害。

7. 补充水源

成虫活动期应保持土坑湿润，隔 3 ～ 5 天补充 1 次水，授粉期间保证壁蜂饮水充足。

8. 化学农药使用管理

放蜂前 10 天至回收巢管期间，停止在授粉果园及紧邻地块使用杀虫农药，尤其是上风口地块，以防杀伤壁蜂。

9. 早春加强保温防风

授粉后回收巢管与保存

果树全部谢花后 15 天左右是回收巢管的适宜时间，6 月中旬幼虫全部结茧后清理巢管，除去有害天敌后放在通风、干燥、清洁的地方存放，等翌年 2 月取茧，剔除寄生、破损蜂茧后放入冰箱冷藏室内，保存温度 2 ～ 5℃为宜。

四、怎样使用熊蜂为茄果类蔬菜授粉

提前预定授粉蜂群

准确预测授粉作物的开花期，提前预定授粉蜂群。由于从蜂王诱导产卵到生长发育到 60 ～ 80 头工蜂的授粉蜂群需要 65 ～ 75 天，故建议提前 75 天预定以保证蜂源。

运输

若自取蜂群，则运输中应注意以下几点。

①蜂群运输应防寒、防热、防闷，运输途中应保持蜂箱的通风透气，防止剧烈颠簸震动。

②汽车等运输工具应清洁、无农药污染。

③夏季运输应在傍晚后或夜间进行，温度 10 ～ 20℃为宜，蜂箱外部通风透气孔全部打开。

④冬季运输应在白天进行，蜂群内部用棉絮盖住虫卵保温，蜂箱外部通风透气孔不应打开。

授粉蜂群的检查

授粉蜂群运到后应对以下内容进行检查：

应有健康产卵蜂王 1 只，工蜂 60 ～ 80 只，工蜂卵、幼虫、蛹 150 个左右，无蜂王卵、雄蜂出现；

应有 50% ～ 60% 浓度的糖水 1.5 ～ 2.5 千克；

应有花粉 0.1 ～ 0.15 千克。

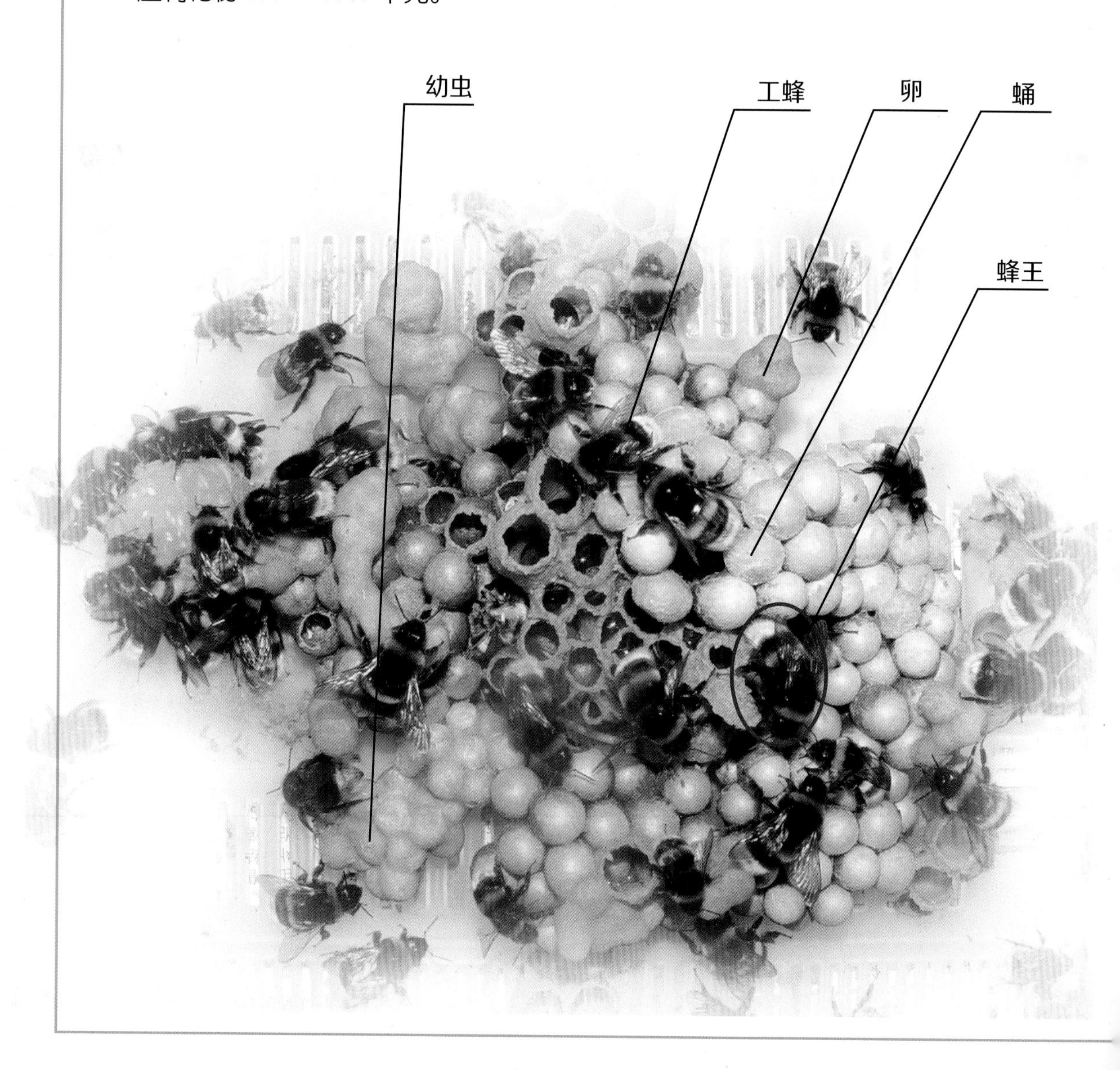

设施及环境要求

1. 安装防虫网

在熊蜂进入授粉设施前 2 ～ 3 天，在通风口处安装防虫纱网，并保证纱网平整，防止接茬处褶皱，避免熊蜂钻入致死。

2. 温湿度要求

设施内温度宜在 15 ～ 28℃；冬季夜间温度低于 10℃时应采取保温措施，夏季白天温度高于 32℃时应采取降温措施。

设施内相对湿度宜在 50% ～ 80%。

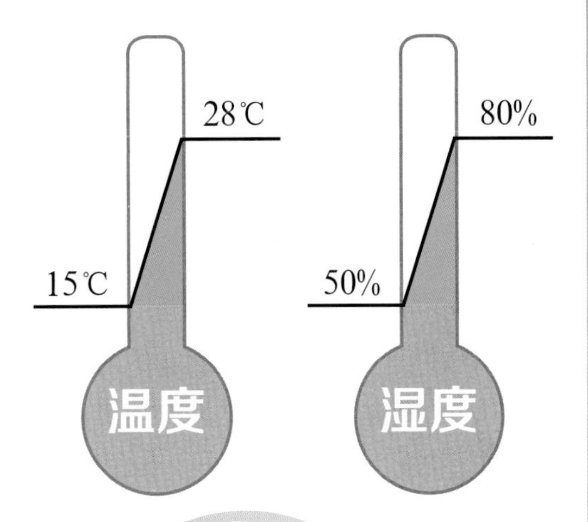

3. 农药使用规避原则

设施内土壤中不应使用内吸长效缓释杀虫剂。

应用熊蜂授粉前 2 周设施内不应使用任何杀虫剂，前 1 周不应使用任何杀菌剂。

作物开花授粉期间，不宜使用各种农药。宜采用色板诱杀、防虫网隔离等物理防治技术及用天敌昆虫等生物防治技术来防治各种病虫害。

如必须施药，应选用生物农药或低毒农药，傍晚熊蜂回到授粉蜂箱后，将蜂群移入其他地方，第 2 天清晨，施药前用瓶子收集未归巢的熊蜂倒入移走的蜂群内。待药安全期过后 1 ～ 3 天再放回原位置。

4. 设施换气通风

应加强设施的换气通风工作，防止覆膜有露水珠产生。

5. 设施覆膜材料要求

购买覆膜时咨询销售商，有的反光膜由于遮挡 350 纳米光谱的光线而使熊蜂不能正常定向，无法授粉。

授粉期管理技术

1. 授粉蜂群进设施时间

宜在授粉作物开花数量达到 3% ～ 5% 时放入授粉蜂群。

授粉蜂群进入设施的时间应选择在傍晚。

2. 授粉蜂群的放置

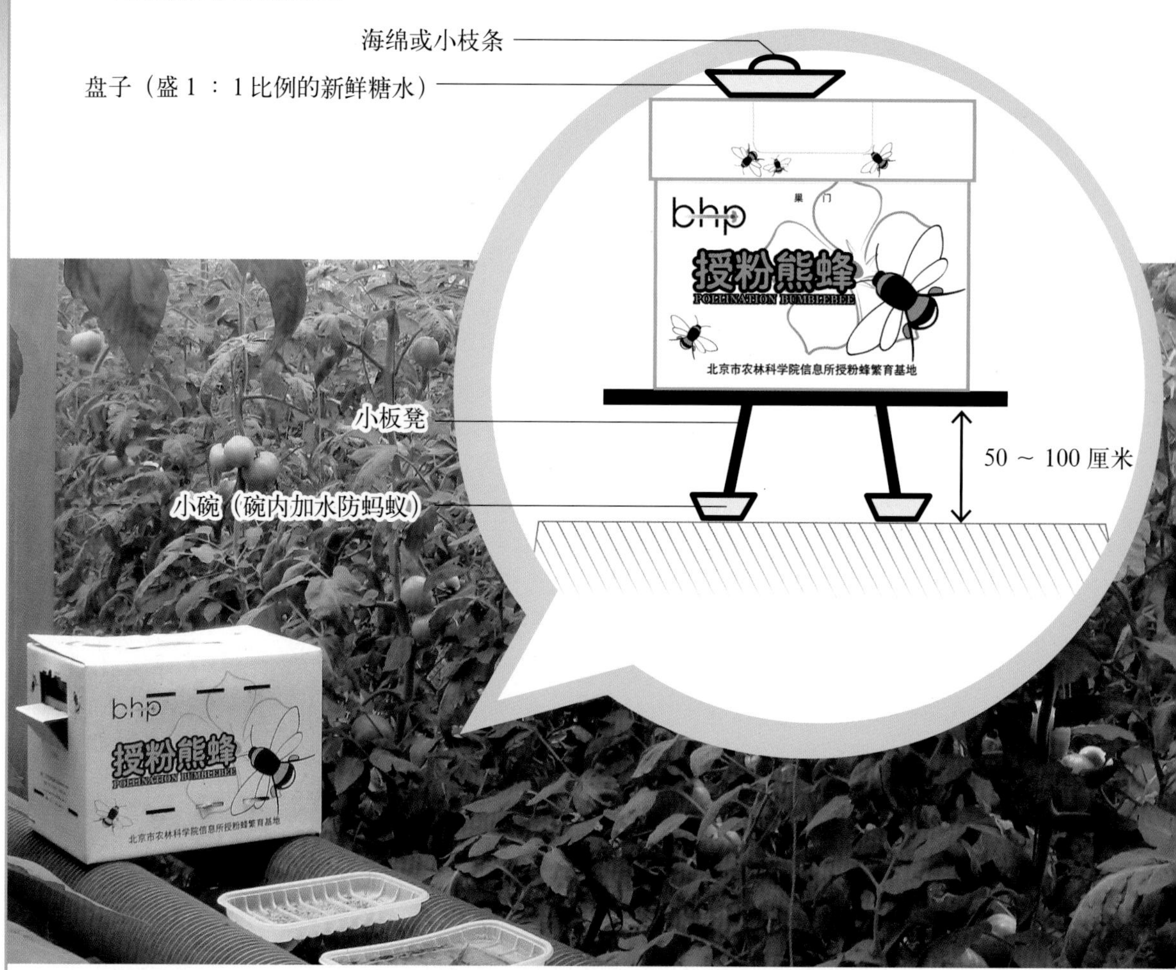

授粉蜂群放入授粉作物的中央或通道处，巢门向南，避免震动，不可斜放或倒置。

可根据作物高度合理放置，距地面 0.5 ～ 1 米，确保作物叶面没有遮挡到蜂箱的进出口。

小知识

授粉蜂箱不应紧邻取暖设施和 CO_2 发生装置。

温度高于 28℃时在蜂箱上方 0.5 米处加上遮阳板。

授粉蜂箱放置好后不可任意移动巢口方向和蜂群位置，避免熊蜂迷巢。

3. 打开授粉蜂群巢门方法

蜂群进棚静置 30 分钟后，关闭两侧通风孔，按授粉蜂箱上的说明方法缓慢开启巢门。

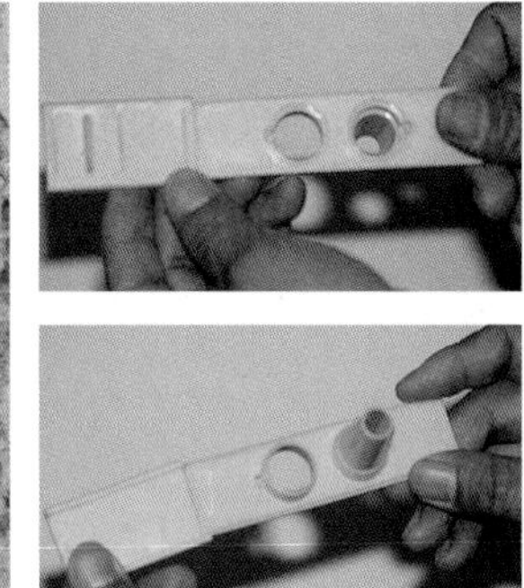

4. 授粉蜂群配置比例

每 667 平方米的设施面积配置 1 箱授粉蜂群。

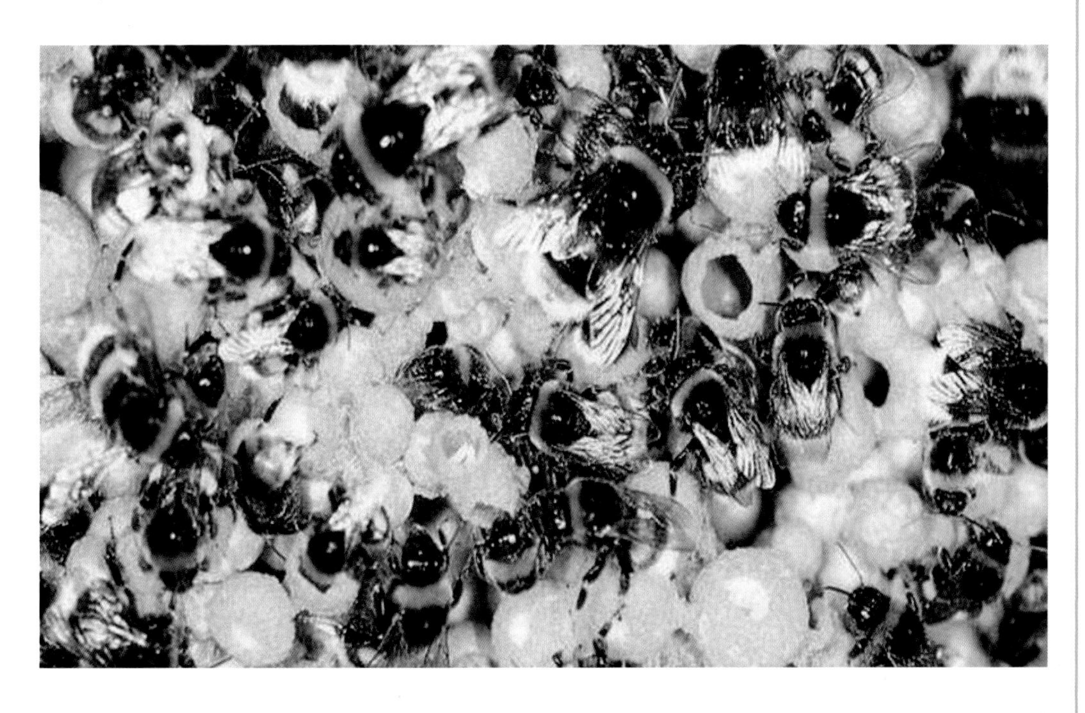

5. 奖励饲喂

若进棚时间较早或花期较长注意及时在箱外补喂花粉和糖水。

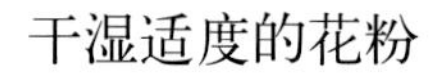

饲喂干花粉时，每 4 天补喂 1 次，每次 5 克为宜。

饲喂糖水时，在蜂箱上面放置一个碟子，碟内放置 50% 的糖水少许和一些草杆或小枝条，每隔 2 天更换 1 次。

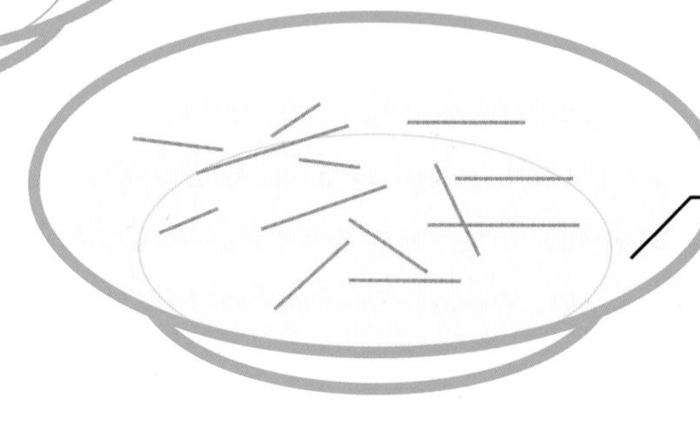

6. 授粉蜂群正常的判断方法

①站在棚内过道，观察熊蜂访花情况，若 1 分钟内有 5 头熊蜂访花则蜂群正常。

②也可通过观察进出巢门的授粉蜂数量来判断蜂群活动正常与否。

在晴天的 9：00 ～ 11：00，如果在 10 分钟内有 2 头携粉蜂归巢，则表明这群授粉蜂处于正常的状态。

③经过熊蜂振动授粉后，番茄雌蕊处会出现褐色的咬痕，据此也可判断。春夏季节：50%花出现褐色咬痕；秋冬季节：70% 花出现褐色咬痕则说明蜂群授粉正常。对于不正常的蜂群应及时更换。

7. 授粉蜂群使用时间

熊蜂为作物授粉的有效时间为 6～8 周。达到此时间后应及时更换新授粉蜂群。

8. 防止蜇人

应避免强烈震动或敲击蜂箱。

进入设施不宜穿深色衣服。

不宜使用具刺激性气味物品。

9. 定时检查

多采用箱外观察、局部检查与全面检查相结合，减少开箱次数及其他干扰,以免影响蜂群正常的生活秩序。重点检查棚内湿度是否过大，蜂群粪便是否过多需要清理。

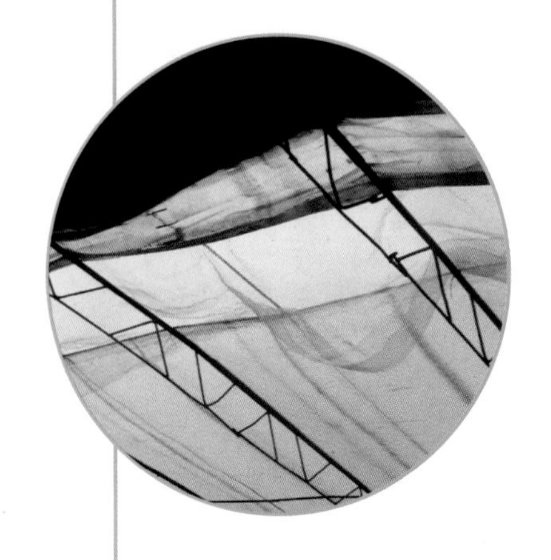

设施番茄花期应定时检查温室顶部的通风口处的防虫网是否掀起，以防止熊蜂外逃，而降低熊蜂授粉效率。

授粉蜂群回收

①授粉结束后，应在傍晚熊蜂回巢后关闭巢门，及时撤出蜂群。

②授粉后的国产蜂群，需及时交给供蜂者回收处理。

③进口授粉蜂群的使用和管理

使用进口的国外熊蜂种群授粉时应防止蜂王逃出设施。在授粉结束后应全部杀死整个蜂群以降低生态风险。

五、怎样使用切叶蜂为牧草授粉

1. 提前准备切叶蜂蜂茧

准确预测苜蓿作物开花期，在开花期前 25 天开始孵化切叶蜂。

2. 切叶蜂释放蜂具准备

①巢管：目前，比较流行的是用松木或聚苯乙烯薄板制成孔径 6.5 ～ 7.0 毫米、孔长 100 ～ 150 毫米的凹槽板组装而成的巢管。这种巢管的优点是其中的槽板容易组装和拆卸，蜂茧容易从巢沟中脱出，对蜂和巢板都不会造成损害，但对材料的质量和制作工艺要求较高。

②涂色：巢孔涂布不同颜色或者明显图形（如 A\B\C\D 等），图案部分不应盖过巢块的 1/3，有助于增强对蜂的吸引力和蜂对巢孔的识别能力，提高筑巢效率。

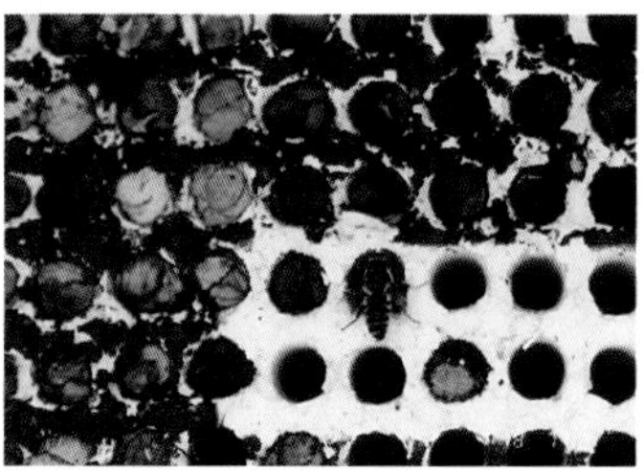
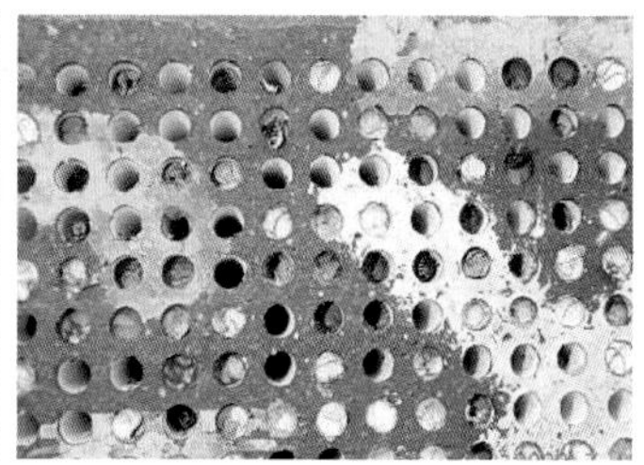

③释放盒：采用干净、无污染的纸盒或专门制作的有 6.5 厘米孔洞的专用切叶蜂释放盒。

④搭建蜂室：蜂室搭建在距离授粉地边1米左右的位置，面向正东，遮阴、避风、避雨，保障切叶蜂正常授粉。

3. 授粉应用环境要求

(1) 温度要求

一般当温度达到22℃以上，切叶蜂可正常采集。注意蜂室内温度，温度过高会导致大量蜂茧不能羽化。

(2) 严格使用农药

苜蓿授粉期间严禁使用一切对切叶蜂有毒害作用的药物来防治苜蓿病虫害。

4. 切叶蜂使用及管理技术

（1）使用量

放蜂数量一般以 2 000 ～ 3 000 只 /667 平方米为宜，如果在比较温暖、自然授粉昆虫较多的地区，每 667 平方米放 1 500 只左右也行。

（2）放蜂时间

在苜蓿开花初期，将切叶蜂专用蜂巢和释放盒放入田间蜂室。

当天色完全变黑时，把切叶蜂蜂茧取出分几份，平铺在释放盒内，然后放入巢管上部，使释放盒小孔朝外，成蜂破茧后，从孔洞爬出，成蜂便在附近寻找巢管筑巢，开始访花传粉。

（3）授粉蜂箱的放置

切叶蜂的有效授粉范围在 30 ～ 50 米，所以在搭建蜂室时，应采用多点设巢的方式，放蜂点之间的距离应小于 100 米，使得切叶蜂的采集能覆盖整个授粉区域。蜂巢朝南或朝东南。巢块（巢板）要离地面 30 ～ 100 厘米，且要固定牢靠，不晃动。

（4）蜂室周围环境要求

除要在田间设置水源外，其周围还应种一些蔷薇科的植物，如玫瑰、月季等。因为该类植物叶片有利于切叶蜂繁殖。

（5）授粉注意事项

① 在放蜂前 1 ～ 2 周使用杀虫剂控制苜蓿害虫，花期勿使用各种杀虫药物。

② 初花期释放大量授粉蜂，达到快速授粉的目的。

③ 必要时可在盛花后期，在夜间使用有效杀虫剂控制盲蝽、蚜虫等的为害。

④ 在切叶蜂授粉繁殖期间，防止其他寄生蜂侵入切叶蜂巢管，最好在寄生蜂少的地方进行苜蓿繁种放蜂。

⑤ 授粉适宜温度范围为 20 ～ 30℃。

5. 回收与贮存

为了防止切叶蜂新蜂巢内蜂茧被鸟类、蚂蚁、蜘蛛、蟾蜍、寄生蜂等危害，当新筑蜂巢造满 70% ～ 80% 时，就应及时把巢块从田间收起放在背阴通风处集中贮存。由于此时尚有雌蜂产卵繁殖，所以在收取蜂巢时，应在原处适当放些空蜂巢，让它们继续筑巢、产卵繁殖，直到花期结束和再没有切叶蜂活动为止。

（1）收蜂

放蜂 45 ～ 50 天后，待苜蓿地中的花不足 5%，就可将蜂箱从田中取回，并放置在通风阴凉处保存。

（2）蜂巢除湿与脱茧

蜂巢收起后，放入较干燥不受阳光照射及无天敌侵袭的室内。由于蜂巢较潮湿，较易滋生真菌，且此时取出容易破坏蜂茧，叶片易脱落，所以，应交叉叠放在适当温度和 20% ～ 25% 的相对湿度下干燥除湿；也可将蜂巢放在阴凉干燥处自然风干（10 ～ 15℃），保存 15 ～ 20 天再取蜂茧。

取茧时先将巢穴口上的封盖挑除，然后用手轻轻搓巢管，或将巢管小心破开，慢慢倒出其中的巢室，如果利用的是组装式的巢板，则直接拆开巢板即可方便地取出蜂茧。

蜂茧取出后，去除其中的碎叶、虫尸等杂物后，在阴凉处干燥、测产，筛选检查，剔除空蜂茧和质量差的蜂茧，留用健康的蜂茧。

（3）冬贮

留用的蜂茧一般用纸袋或其他容器装好，贮存于温度为 2 ～ 5℃的冷藏室或冰箱中，温度过高、过低都会影响孵化率；相对湿度保持在 25% ～ 30%，防止蜂茧包叶发霉。

换气 2 ～ 3 次，并检查蜂茧有无发霉现象，如有发霉现象，应立即倒出，阴干后继续密封储存，以备来年使用。

六、蜂授粉实例介绍

蜜蜂授粉实例

1. 草莓

利用蜜蜂为设施草莓授粉，省时省力，可提高草莓产量 10% 以上，而且草莓果形正，可溶性糖含量提高，畸形果率降低。

2. 西瓜

蜜蜂授粉后，陆地西瓜产量提高 16%，棚室西瓜提高 22%；与人工授粉西瓜相比，瓜形圆正，采摘期提前 3 ～ 5 天；由于人工授粉西瓜中心糖度与边缘糖度相差 1.56 度而蜜蜂授粉西瓜相差仅 0.38 度，因此蜜蜂授粉的西瓜糖度均匀，口感好。

3. 蔬菜制种

利用蜜蜂为白菜、萝卜、甘蓝等蔬菜制种授粉不但可以省工省时，而且还可大幅度提高菜籽产量。结荚率平均提高 52%，每荚结籽数比人工授粉的提高 2 倍，单株产籽量提高了 9 倍，每 667 平方米产量平均提高 46%。饱满种子数提高 18%，种子发芽率高，发芽整齐。

4. 桃

利用蜜蜂为桃树授粉，完全可以取代人工点花、鼓风机等辅助授粉方式，省工省力；而且果树上、中、下不同部位授粉均匀，结果率高，果形好，一级果品率提高。

壁蜂授粉实例

1. 杏

利用凹唇壁蜂为杏树授粉，坐果率达 47.89%，杏总产量比人工授粉提高 32%，比自然授粉的提高 48%。利用叉壁蜂为杏树授粉，每 667 平方米放蜂 50 ～ 70 只，可提高杏的坐果率 16%。

2. 李

西北农林大学利用壁蜂为李树授粉后坐果率比自然授粉的提高 5.64 倍。陕西礼泉县后寨南园利用壁蜂为李树授粉坐果率为 75.39%，比自然授粉的 45.67% 提高 0.65 倍。

3. 樱桃

大多数大樱桃品种都是异花授粉结实，自花授粉不育。在顺义区龙湾屯千亩樱桃园用壁蜂授粉后樱桃坐果率达 70%，比自然授粉提高了 3 倍。

4. 苹果

利用角额壁蜂授粉的红富士、乔纳金花朵坐果率为 61.7%，自然授粉的坐果率仅为 29.6%，壁蜂授粉的效果明显好于自然授粉区。而且壁蜂授粉的果形端正，单果重增加 25 ～ 35 克，横径增加 18%～ 30%。

5. 梨

梨为异花授粉作物，在自然授粉条件下坐果率极低，由于受精不足，偏歪果多，果品质量差，商品价值低。利用壁蜂为砀山梨授粉可提高坐果率14.9%。利用凹唇壁蜂为鸭梨授粉，单果重（184.14克）比无壁蜂授粉的（162.55克）增重13.2%，果横向直径（68.05毫米）比无壁蜂授粉的（64.84毫米）提高4.9%。

6. 桃

桃花期释放壁蜂后，坐果率高于自然授粉，其中，早凤王桃坐果率提高了近4倍，新选、久保、60桃的坐果率分别提高了78%、94%、110%。果色好、果形端正、商品果率提高，一级果品率达80%。

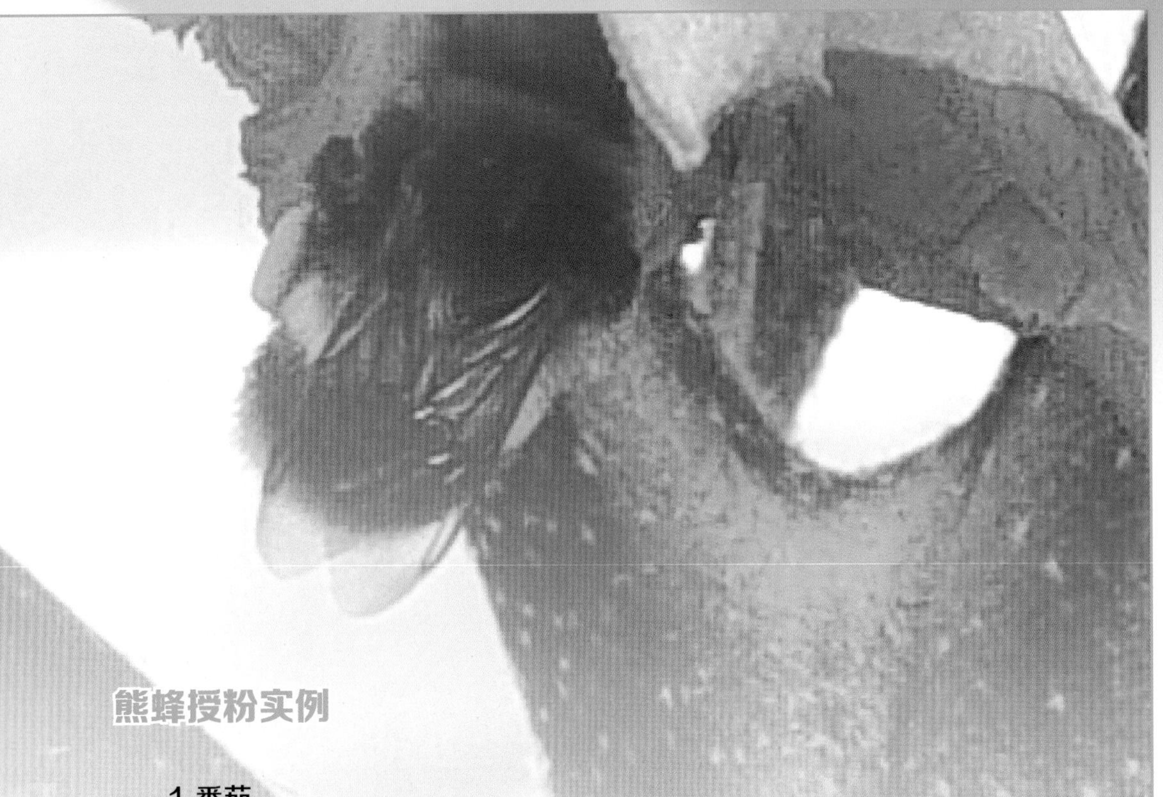

熊蜂授粉实例

1. 番茄

熊蜂最适合为茄果类蔬菜授粉，为番茄授粉效果显著。与人工授粉相比，熊蜂授粉番茄坐果率提高 39%，产量提高 35%，畸形果率降低 66.8%，番茄果肉厚实，籽粒饱满，种子数增加 108%，可溶性糖、维生素 C 等的含量提高，品质改善，果实口感好，商品性明显提高。

2. 辣椒、茄子

熊蜂授粉后，辣椒、茄子的坐果率明显提高，产量提高 20%，果形好，色泽艳丽，品质改善，其中，辣椒的维生素 C 含量达到 148 毫克 /100 克，自然风味浓厚，口感好。

3. 草莓

温室栽培的草莓，充分发育的花蕾在 12℃便可开放，蜜蜂对于在 12 ～ 18℃开的花朵不能进行有效授粉，因此，在草莓授粉前期最好利用熊蜂，每 100 米长以内的棚室放 1 箱即可，可使授粉率达 100%，每 667 平方米比蜜蜂能增加产量 1/4 以上，而且没有畸形果，产值高。

4. 甜瓜

甜瓜是虫媒花作物，而且雄花花粉很少，利用熊蜂的声震授粉效果最好，比人工对花和喷洒激素辅助坐果的方法坐瓜率提高 20%，瓜形圆正，有光泽，而且甜度提高 4%，口感好。

切叶蜂授粉实例

1. 苜蓿

利用切叶蜂为苜蓿授粉可以使种子产量由 300 ～ 400 千克/公顷上升到 900 ～ 1200 千克/公顷，籽粒饱满。

2. 大豆

经苜蓿切叶蜂传粉的 M 型大豆质核互作雄性不育系单株结荚平均 25.18 个，经蜜蜂传粉的不育系单株结荚平均 12.33 个，经苜蓿切叶蜂授粉后的平均单株结荚数是蜜蜂传粉的 2.04 倍，而不放蜂的不育系单株结荚仅 1.56 个，由此可见，经放蜂处理后的不育系结荚数可显著提高。